测井曲线地质含义解析

李浩　刘双莲　编著

中国石化出版社

内容提要

本书以地质事件为基本研究单元，以地质成因为理论基础，探索系统解读测井曲线的地质含义。第一章和第二章讨论了现代测井评价技术面临的问题及地质与测井评价的内在关系；第三章和第四章根据测井地质学的发展历程和启示，论证测井地质学发展的障碍及方向，并提出测井曲线的3个地质属性及其类型；第五章至第十章介绍了以测井地质属性为理论基础的研究新思路；第十一章和第十二章以案例形式，介绍了本书中涉及方法的一些延伸应用及效果。

本书可供从事测井、地质以及对测井感兴趣的人员使用。

图书在版编目(CIP)数据

测井曲线地质含义解析 / 李浩，刘双莲编著.
—北京：中国石化出版社，2015. 10(2019. 12 重印)
ISBN 978 - 7 - 5114 - 3639 - 9

Ⅰ. ①测… Ⅱ. ①李… ②刘… Ⅲ. ①测井曲线 - 地质事件 - 研究 Ⅳ. ①P631. 8

中国版本图书馆 CIP 数据核字(2015)第 230657 号

中国石化出版社出版发行
地址:北京市朝阳区吉市口路9号
邮编:100020　电话:(010)59964500
发行部电话:(010)59964526
http://www. sinopec-press. com
E-mail:press@ sinopec. com
北京富泰印刷有限责任公司印刷
全国各地新华书店经销
*
787×1092 毫米 16 开本 9. 25 印张 215 千字
2019 年 12 月第 1 版第 3 次印刷
定价:56. 00 元

前　言

测井曲线的含义早有定论，它是测井评价的基础。但21世纪初，测井评价的环境与条件已发生巨变，致密油气、煤层气及页岩油气等大量涌现，导致测井评价精度骤降，什么才是准确的测井评价，又成困惑。《道德经》中有句哲言“反者道之动，弱者道之用”——矛盾着的对立物各自向着自己的对立面转化。危机对于探索者有时就像一丝暗光，为其指引着似有似无的方向，测井曲线是否还别有含义，这也许是新线索，也许是未知迷雾。

纵观测井发展史，曲线含义的解放伴随其间，地质学家每次重视测井技术，也均因曲线含义有了新解。例如阿尔奇先生1941年10月提出的著名公式，使人们认识到“中等孔隙度和中等渗透率”储层与油气之间的测井曲线新意，这次认识的解放，使该类储层的流体判别能力空前提高；又如20世纪60年代中期，皮尔森等学者提出了测井曲线的地下地质分析方法，他们提出利用测井曲线识别沉积环境，这大大提升了地质学家预测沉积环境的能力，曾有史料记载，地层异常压力预测技术的出现，使墨西哥湾的钻井成本下降了三分之一。这些测井曲线含义的解放，都激发了人们探索地下地质的热情和地质研究水平。可见，测井曲线含义的真正解放，有助于大幅降低勘探开发成本，促进低成本油气勘探开发技术的进步。

然而，人们探索大自然又很像一场又一场的捉迷藏游戏。当时间、环境和条件变换，无往不利的旧认知会瞬间变成画地为牢的禁锢，使人愕然。世纪之交就像大自然重设了游戏场景，储层的主角由“中等孔隙度和中等渗透率”变成了“低孔隙度和低渗透率”，当人们习惯性地采用阿尔奇公式解读这新主角，结果总不尽人意。且储层越复杂致密，评价便越不准，很多人不知不觉中走入刻舟求剑的认知误区——“舟已行矣，而剑不行，求剑若此，不亦惑乎？”这正是现今很多测井评价技术应用的真实写照。

挫折是变革萌发的种子，面对现状，反思测井曲线的含义，也许是一种觉醒。测井曲线已久历研究，为何还有尚未破解的含义呢？两个因素待推敲：一是人们难以穷尽对自然界的认识。因此，所推演的测井曲线含义，只能不断逼近地下地质原貌。二是不排除人们固有认知的可能遗漏。如测井行业长期将地球物理作为理论基础，而其评价地层的终极目标又需借助地质思维，这难免导致不同认知体系存在兼容隐患。当地层油气信号丰富时，测井曲线的显著特征，能迅速区分油气层与水层、干层，这恰好遮住了种种潜伏的隐患。但是，面对现今地层微弱的油气信号，继续运用上述方法，必然会诱使这些隐患一一爆发，如今，这隐患已如开启的“潘多拉魔盒”，一次又一次刺痛人们的认知。

测井地质学的难以为继，究其原因，在于它仍以地球物理为基础，而不是地质，属于“无根之水”。实践证明，现代测井评价已离不开地质背景的准确解读，论证并建立以地质成因为理论基础的评价方法，尚属新知，对它的探索，有可能解开众多的测井认知困惑，为地质专家和地震解释专家提供关键证据，有利于油气藏的精确论证。从这个意义上看，重新讨论测井曲线的含义，对于测井评价技术，甚至是石油地质研究，将可能是一场意义深远的认知解放或变革。

本书以地质事件为基本研究单元，以测井曲线内含的3个地质属性为理论基础，尝试探索测井曲线地质含义的解析思路。书中内容主要分4个部分：第一章和第二章主要讨论现代测井评价技术面临的问题及地质与测井评价的内在关系；第三章和第四章主要根据测井地质学的发展历程和启示，论证测井地质学发展的障碍及方向，提出测井曲线的3个地质属性及其类型；第五章至第十章介绍了以测井地质属性为理论基础的研究新思路；第十一章和第十二章主要以案例形式，介绍了本书方法的一些延伸应用及效果。由于本书是全新的尝试，其中许多内容需测井和地质知识的反复交融，有些认识难免稚嫩或存有瑕疵，欢迎广大读者批评指正。

目　录

第一章　现代测井评价技术的困境与对策……（1）
第一节　测井评价问题产生的原因分析……（2）
第二节　地质、工程因素变化与测井评价的关系……（3）
第三节　现代测井评价的关键因素分析……（13）
第四节　现代测井评价的对策分析……（13）
第二章　地质背景解读与测井评价……（15）
第一节　避免测井评价隐患的关键因素……（16）
第二节　测井评价的常见地质问题分析……（16）
第三节　地质背景难以解读的原因与对策……（23）
第三章　我国测井地质学的发展历程与启示……（25）
第一节　测井地质学的定义与研究内容……（25）
第二节　我国测井地质学的发展现状分析……（26）
第三节　测井地质学发展中的得失反思……（31）
第四节　测井地质学的发展思路探讨……（32）
第五节　测井地质学继续发展的条件……（34）
第四章　测井地质属性的提出与论证……（35）
第一节　地质背景不同必然导致测井响应不同……（35）
第二节　测井地质属性的提出与研究目的……（39）
第三节　测井地质属性的存在性论证……（40）
第四节　测井地质属性的主要类型……（47）
第五节　测井地质属性研究的障碍与难点……（48）
第五章　基于地质刻度的测井地质属性研究……（52）
第一节　研究思路……（52）
第二节　基于岩心刻度的测井地质属性研究……（52）
第三节　基于地质界面刻度的测井地质属性研究……（58）
第六章　基于归因分析的测井地质属性研究……（64）
第一节　归因分析的研究依据……（65）
第二节　测井地质属性一般表现方式……（67）
第三节　测井地质属性的归因识别方法……（68）

第七章　基于岩石成因的测井地质属性研究……………………………………………（73）
第一节　成岩时期与测井地质属性研究……………………………………………………（73）
第二节　成岩物质与测井地质属性研究……………………………………………………（74）
第三节　成岩温度与测井地质属性研究……………………………………………………（75）
第四节　沉积相、成岩相与测井地质属性研究……………………………………………（75）
第五节　物性特征与测井地质属性研究……………………………………………………（78）
第六节　其他条件与测井地质属性研究……………………………………………………（78）
第八章　基于事件成因的测井地质属性研究……………………………………………（80）
第一节　地质事件与测井曲线的因果辨别…………………………………………………（80）
第二节　基于构造事件的测井地质属性研究………………………………………………（81）
第三节　基于沉积事件成因的测井地质属性………………………………………………（88）
第四节　其他事件的测井识别分析…………………………………………………………（90）
第九章　基于成因界面识别的地层对比研究……………………………………………（94）
第一节　地质事件的突变与不整合识别……………………………………………………（94）
第二节　碎屑岩地层不整合面的测井识别…………………………………………………（96）
第三节　碎屑岩与碳酸盐岩不整合面的测井曲线差异……………………………………（99）
第四节　测井技术识别不整合的几点认识…………………………………………………（102）
第五节　一般地质界面的测井识别研究……………………………………………………（102）
第十章　测井地质属性的两个关键问题探讨……………………………………………（104）
第一节　固有知识与破旧立新………………………………………………………………（104）
第二节　认知与发现…………………………………………………………………………（105）
第三节　共性与个性的关系论证……………………………………………………………（110）
第十一章　井震结合的探索与应用………………………………………………………（112）
第一节　井震结合技术的主要原理及其局限性分析………………………………………（112）
第二节　可相互辨识地质属性的提出………………………………………………………（113）
第三节　可相互辨识地质属性的实例应用…………………………………………………（114）
第四节　井震信息对同成因目标的追踪研究………………………………………………（115）
第十二章　基于测井曲线地质属性的预测研究…………………………………………（123）
第一节　低电阻率油层的预测案例分析……………………………………………………（123）
第二节　裂缝性储层的预测案例分析………………………………………………………（125）
第三节　测井曲线地质属性的预测应用展望………………………………………………（132）
参考文献……………………………………………………………………………………（133）
后　记………………………………………………………………………………………（138）
致　谢………………………………………………………………………………………（141）

第一章　现代测井评价技术的困境与对策

近年来，测井仪器创新如雨后春笋，效果却难掩尴尬。先是测井地质学的探索热潮渐退，甚至否定其存在性；后是致密油气、煤层气和页岩油气的测井评价屡屡受挫，质疑之声不绝。测量手段不可谓不多，但难题之困，不可谓不窘，常有山穷水复疑无路之感。

世间万物皆有因果，测井解释亦然。关于测井曲线的成因，前人多归之于仪器，认为仪器是信号之源，测井曲线始于仪器信号。但这些信号却至少包含两种元素，一是仪器原理的固有表达；二是地下地质情况的宿命结局。每款仪器诞生时，其原理已定型，但地下地质情况却千变万化，以致人们不得不面对如下事实——20 年来，相同仪器的测量原理未变，但地层评价与流体识别却越来越难，且随着测量对象由简到繁，难度逐级抬升。因此推测，仅采用固有的地球物理含义试图破译多变的地下地质（地下地质已变而测井曲线的含义未变），极可能是导致现今诸多问题的根源。

20 世纪，人们用电法测井判别油气几乎所向披靡，原因在于当时的流体信号占测井曲线比重很大，故电法区分流体较易。近 20 年测井曲线的信息结构已发生质变：一是信号比重之变。其他信号不断挤占流体信号，矿物成分、成岩及孔隙结构等的信号比重日益强大，从而使流体信号日渐衰弱，甚至几乎可以忽略，显然电法测井已无把握。二是饱和度之变。致密储层变成评价主角，使多数油气层饱和度已低至经济开采边缘，对测井解释精度提出巨大挑战。三是探测目标之变。“小而隐蔽”油气藏已成主要目标，怎样寻找和发现这些目标，成为所有勘探开发技术的共同难题。这些变化对测井解释提出巨大挑战，技术变革势在必行。

有道是“人有所执，必为所缚”。纵观人类历史，发展之惑常在于人们走不出固有认知！测井曲线结构的上述巨变，之所以存在而难以引起测井学者关注，究其原因在于地下地质的变化极难用地球物理思维去察觉和描述，以致困境来而人不自知，这是当前测井行业的真实写照。一边是固有认知束缚着探索的冲动；另一边是地质信号的测井含义长期掩盖于测井曲线的表象，致使许多异常信号反复出现，人们却视而不见。

不解其因，自然遇难而少策。把希望寄托于新仪器是当前之策，希冀新的探测手段，获得地下地质的准确判断。但如果只创新仪器，而不探究测井曲线的成因本质，则难免有舍本逐末之嫌。该方案实施多年，仍难以破解测井困境，可见一斑。

探求曲线本质或另觅良策。测井仪器的原理实为死物，测井曲线之所以多变，实际多为地下地质所致！测井技术的评价对象毕竟是地质本源，本源内涵的关键之变常有信号的映射之对，其对虽隐，但绝非无迹可寻。因此，重新研究测井曲线的地质含义，利用曲线密码的不断破译，寻找还复地质本源的方法，无疑是可选之策。因此，以地质本源认知为核心的测井评价技术，可能是破解现代测井评价难题的有效途径。

测井解释评价的目的，就是为决策者提供准确依据。有了上述分析，测井技术的困境就易于理解。首先，传统测井地质学原理主要来自于地球物理学基础，即地球物理响应的显著变化是识别地质体的核心依据，但是当研究对象复杂化和隐蔽化时，地球物理响应转为隐性，此时依原有方法按图索骥，则难获真实原因；其次，研究对象和目标的深刻变化，使地质学家对测井技术依赖强烈，这种压力迫使测井行业寄希望于新仪器，试图改善传统仪器的不足。由于没能探索测井曲线响应结构巨变引发的测井解释原理的变革，测井地质学与解释评价技术至今缺少质的突破。

第一节　测井评价问题产生的原因分析

众多事实证明，随着致密、低丰度油气藏成为我国油气研究的主角，标志着复杂贫矿研究时代的来临。当前测井评价的焦点是：地质内因与现代测井解释关系的认知不对称。

针对复杂隐蔽油气藏，如何寻找地质学家所需的关键证据？如何为地震解释提供可靠追踪依据？如何准确识别致密贫矿中的“甜点”？传统测井技术难以作答，一方面大量测井曲线信息仍是未知密码，缺少破解手段；另一方面各测井地质研究还依赖显著曲线特征的岩心刻度，地质内因的本源探索较匮乏。

就油气藏评价而言，油气识别与地质研究是测井技术的阴阳两极，二者不可偏废，阴阳调和，方有活力。因此，以测井评价面临问题的学术现象分析为纬，以测井问题出现的规律性研究为经，则可从新视角再度审视现代测井解释的面貌。

一、国内学者的观点

2000 年前后，我国测井解释技术新问题频现，其共性是利用测井技术识别与发现油气日益困难，不仅油气层与水、干层难区分，甚至一些油气层与围岩也难辨别，其原因仍在讨论中，近年来学者们不断反思，该认识过程正由现象走入本质。

2001 年欧阳健先后撰文，率先讨论我国测井解释面临的问题，提出“三低”问题，即储层低孔隙度、低渗透率及低电阻率。2004 年李国欣等认为，中国石油天然气股份有限公司(简称中石油)低孔、低渗油气藏储量已占新增储量的 65%(其孔隙度一般小于 12%、渗透率一般小于 $5 \times 10^{-3}\mu m^2$)。他们将测井评价难题概括为“三低两高一复杂”：“两高”即开发区含水率高、采出程度高。据 2002 年统计，中石油的主力原油开发区平均含水率为 83%，部分油田的含水率甚至达 88% 以上。同时，这些油区的采出程度也已很高，平均达 72% 以上，“两高”的出现，加剧了剩余油识别与开采的难度；“一复杂”即储层岩性/储集空间类型与分布复杂。白建峰(2007 年)将我国测井评价难点概括为“三低二复杂”，其“三低”同于前者，“二复杂”即储层岩性/储集空间类型与分布复杂，其特点是岩性种类多样且组分变化大及储集空间类型复杂且分布极不均匀，储层类型包括碳酸盐岩、火成岩、砾岩等岩性复杂的储层；油水关系复杂，其特点是地层水在纵向和横向上变化范围大，或油层中的地层水矿化度与水层不同。曾文冲(2006 年)提出“传统测井理论的不适应性”问题，

其基本认识为：适用碎屑岩储层的许多成熟评价技术和分析方法，对于复杂的非均质储层，其有效性往往发生退化甚至无效。因此传统测井解释理论需进一步优化和更新。

总体而言，近10年来我国测井解释技术面临的难题有增加趋势，现行的方法与手段局限性明显，行业现状堪称严峻。

二、测井评价问题产生的规律

整理上述观点可发现，专业人士看待测井解释问题，往往聚焦于矛盾的凸显，缺少背景变化与问题产生的内在关系的反思。将测井解释问题的历史因素作为分析视角，也许今后有助于发现测井解释问题的成因及解决思路。

从历史因素看，测井解释技术问题的出现，常有短期集中爆发的特征。具体表现为：每隔一段时间测井解释技术会出现对评价目标的明显不适应现象，诸如水淹问题、低孔渗复杂储层评价问题及煤层气、页岩油气评价等，其原因在于该时间段内，油气勘探开发中的某一地质条件或工程参数发生质变而测井评价方法不变，即以不变的技术方案评价已变化对象。我们可把这一因素称作动态因素或时空变化因素，该因素的出现极可能使测井解释技术误入“刻舟求剑”式的分析误区；从认知因素看，任何问题不会凭空出现，它有因有果。但分析测井解释与生产测试的矛盾时，常见解释不清的情况，其因何在？不可否认存有一定的测试错误，但测井解释的认知误区肯定更多，如一些油水关系倒置的储层，如果不了解地层层序与油气运移演化的影响，单一的测井解释肯定难以作答。另如岩屑砂岩储层(骨架常多变)，如果不了解构造与物源因素的影响，就会出现孔隙度与油气饱和度计算不准而不知其因的现象。因而忽视或背离地质背景的本质内涵，结果是常常对矛盾问题束手无策，难免出现回避或束之高阁的态度。我们也可把该因素称作静态因素或背景解读因素，它的出现极可能使测井解释技术误入“盲人摸象”式的分析误区。

三、勘探目标变化与测井评价的关系分析

根据上述分析可知，地质背景和工程条件的深刻变化才是测井解释技术不适应的根本所在。我国测井解释评价技术从20世纪90年代末至21世纪初普遍出现问题绝非偶然，其深层次因素是勘探、开发目标的巨变。以勘探为例，2000年之前，勘探目标多为大构造、富油气、相对简单孔渗结构，其含油气测井响应明显，因而评价时，应用传统阿尔奇公式(解释参数相对稳定)，可以比较准确地描述储层的含油气特点；2000年之后，勘探目标多为复杂背景、隐蔽构造、相对复杂孔渗结构，其含油气测井响应不明显，尤其是复杂孔渗结构，目前还难以找到准确的数学描述方法(解释参数具可变性)，因此传统测井解释方法，难以做到准确评价其含油气特点。

第二节 地质、工程因素变化与测井评价的关系

前文提到，地球物理原理长期占据测井评价的主体，但很多地质与工程因素在测井曲线中难以被观察到，容易成为认知盲点，因而缺乏系统研究，更谈不上拥有可依托的理论

基础。实际上，如果站在宏观视角分析可见地下地质的不同，同样深刻地影响着测井曲线特征，例如岩石成因不同，测井曲线特征就不同，这是由于其地质含义发生根本变化，另外盆地演化、成岩作用、储层含油气丰度及岩石组分等不同，均可造成测井流体识别或测井解释规律的很大不同；另观工程因素，也可见随工程影响的深化（如井型改变、长期注采等），测井信息的响应及测井解释模型的选取均随之而变。

这些隐性而暂时缺乏原理依托的测井曲线含义，如果不能被及时发现，就会成为测井评价的巨大隐患，甚至导致测井评价失败。在这里试举部分例子作为佐证。

一、地质因素改变与测井解释参数的两大变化

（一）阿尔奇解释参数的巨变

目前，地质因素对测井评价的突出影响为：测井解释参数的两大巨变。首先是阿尔奇解释参数（a、b、m、n 值或其中之一）巨变的挑战。现代测井解释由于勘探目标与储层性质变迁，其孔隙结构复杂已造成阿尔奇公式的解释参数常具可变性，如火山岩、碳酸盐岩及致密砂岩等以低孔渗为主的储层，都面临阿尔奇解释参数多变的评价难题，怎样捕捉其参数的变化规律成为困扰测井解释的难点之一。

图 1-1(a) 为渤海湾含油气区常规砂岩的地层因素与孔隙度关系图，由该图可知二者关系相对简单，地层因素变化稳定，采用固定的阿尔奇解释参数即可做好测井解释；图 1-1(b) 为某气田碳酸盐岩储层的地层因素与孔隙度关系图，由于微观地质条件较前者已发生根本变化，图中二者关系变复杂，地层因素变化很不稳定，采用固定的阿尔奇解释参数开展测井解释容易出错，其测井曲线中的成岩作用和孔隙结构部分有可能会参与阿尔奇公式的饱和度计算，造成部分储层的计算结果失真。这是由于地质条件差异隐蔽地影响到了测井曲线响应内涵，并进一步影响到油气评价技术思路的选择。

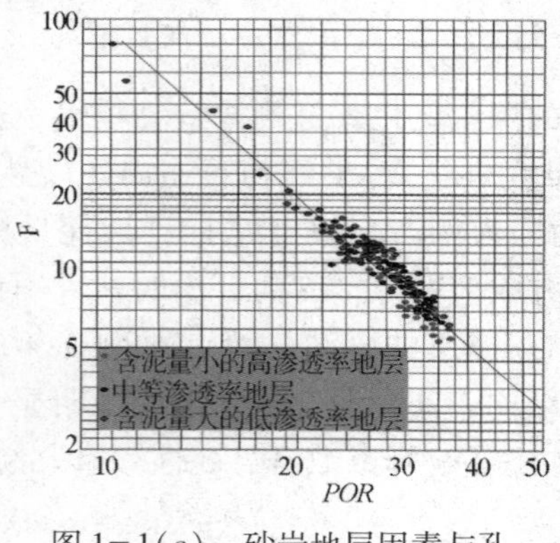

图 1-1(a)　砂岩地层因素与孔隙度关系图（据曾文冲）

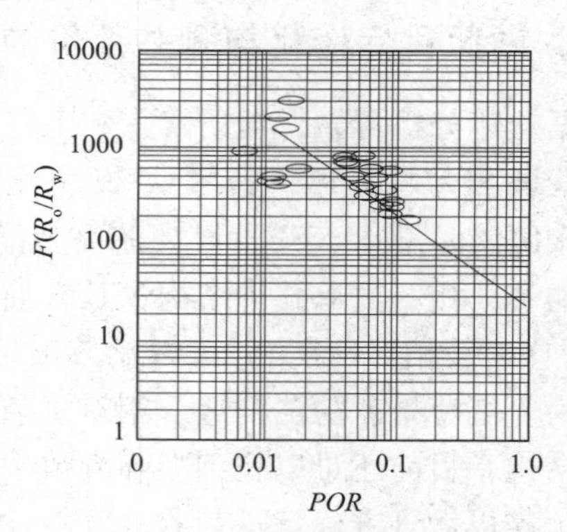

图 1-1(b)　碳酸盐岩地层因素与孔隙度关系图（据曾文冲）

（二）岩石骨架参数巨变

测井解释参数的另一巨变是岩石骨架参数巨变。传统测井解释的岩石骨架参数常相对稳定，如矿物单一的石英砂岩或矿物组合稳定的碳酸盐岩（由灰岩与白云岩等构成稳定的骨架组合），根据这类岩石骨架求取的储层孔隙度精度很高；现代测井解释由于勘探开发

目标扩大，岩屑砂岩、火山岩、页岩及变质岩已成研究对象，这些岩石由于地质条件改变，骨架常不稳定，其测井曲线的含义较前者发生本质变化，而测井专家采用地球物理分析思路又难以察觉，因此常常求不准储层孔隙度和饱和度，造成测井解释与测试结果矛盾重重。

事实上，每种岩石骨架均形成于某一特定地质条件，即岩石的物源、搬运筛选与沉积条件等，决定了岩石骨架的最终构成。当岩石骨架相对稳定时，其在测井曲线中具有相对显性特征，易于识别；当矿物构成复杂，引起岩石骨架不稳定时，其在测井曲线中为隐性特征，难以识别和判断。油气勘探本身遵循由简至繁，储层油气的丰度总体由富渐贫，岩石骨架总体由简至杂，因此岩石骨架不稳定这一潜在问题，及其常与低丰度油气的相互伴生，成为近年来逐步显现的难题，该现象在测井界还未能引起足够重视，研究也不多。下面以鄂尔多斯盆地某气田为例，加以说明。

1. 地质背景条件与岩屑砂岩含量的关系分析

鄂尔多斯盆地跨陕、甘、宁、蒙、晋五省区，其北界为阴山西段的大青山及狼山，南界为秦岭，西边以贺兰山、六盘山为界，东界以吕梁山为限，为我国大型的古、中、新生代沉积盆地。其晚古生代由克拉通盆地逐渐向内陆盆地演化，在盆地北部发育了广阔的近海、沼泽煤系(烃源岩层)→三角洲砂体、河流砂体(储集岩层)→泛滥平原、湖相泥质岩层(区域盖层)层序。

图1−2与表1−1揭示：盆地内某气田从海相(二叠系太原组)到海陆过渡相(二叠系山西组)再到陆相(二叠系下石盒子组)沉积环境的每一次变迁，都引起砂岩中岩屑含量的突变。其中，太原组以石英砂岩为主，岩屑含量最低，为12.2%；至山西组1段时，岩屑含量突然增加到27.7%，山2段由于构造运动相对稳定，岩屑含量有所下降，主要为岩屑石英砂岩和岩屑砂岩储层；随着构造运动的进一步演化，下石盒子组的岩屑含量又有一次突变。

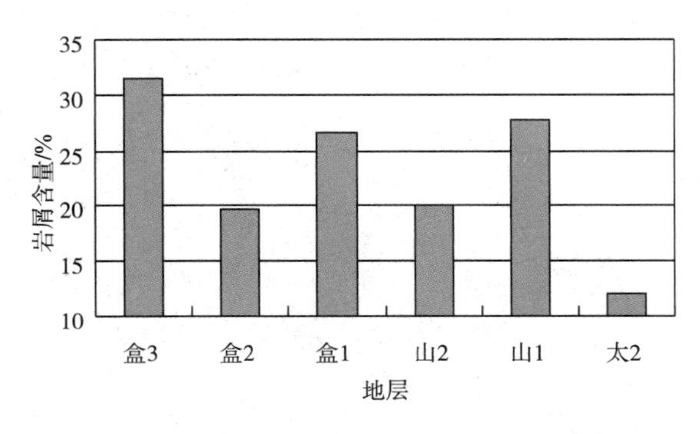

图1−2 鄂尔多斯某气田地层岩屑含量直方图

分析表明，石英砂岩与岩屑砂岩地质条件的根本区别在于构造。其中，岩屑含量的纵向变化受构造演化控制：每一次构造抬升(落差加大)都是岩屑砂岩含量剧增的主因，反之构造趋缓则岩屑砂岩含量降低。利用岩心分析孔隙度检验测井计算孔隙度时，石英砂岩储层的孔隙度计算精度高，与岩心吻合好；而岩屑砂岩储层的孔隙度计算很不稳定，与岩心吻合差。这是地质条件改变引起测井曲线含义发生本质变化的结果。

表1－1　鄂尔多斯某气田岩石成分分析表

层位	碎屑成分/%											内碎屑/%	碎屑总量/%	填隙物/%							
	石英			长石			岩屑														
	石英	燧石	石英总量	钾长石	钠长石	长石总量	火成岩	变质岩	沉积岩	云母	岩屑总量			泥质	高岭石	菱铁矿	方解石	褐铁矿	石英	白云石	填隙物总量
盒3	49.7	6.8	54.2	16	3	14.3	4	6.67	3.33	8	32	2	85.9	9.7	3		3.17		2		14.08
盒2	69.6	4.6	73	8.02		7.33	10.5	9.17	3.67	4.4	20	3.7	91.8	5	1.5		4.25		1.9		8.174
盒1	65.9	4	69.8	3.52	29	3.63	10.5	5.89	3.87	3.9	27	3.5	89.3	7.4	2.85	0.7	3.23		2		10.65
山2	76.2	2.5	74.5	1.33		0.76	10.4	6.53	4.45		20	2.6	88.2	7.3	2.6		3.18		1		11.81
山1	60.9	10	69.9	2.45	3.6	1.7	9.61	4.18	3.15	2.8	28		89.3	8.2		1.37	4.23	0.67	1.4	1.84	10.72
太2	82	7.6	87.3	1.13		0.56	3.64	3.33	2.17	1.5	12		88.3	7.1		1.5	7.88		5.6	1.11	11.75

其机理如下：首先，太原期准平原化的结果，使砂岩搬运较远和分选较充分，故抗风化能力弱的岩屑含量低（见表1－1、图1－3），储层以石英砂岩为主；其次，早二叠世山西期，盆地北缘以阴山隆起为代表的构造活动强烈，伊盟北部晚石炭世即已存在的三角洲沉积作用得到进一步增强（见图1－4），陆缘碎屑供给充分，但因近源快速堆积的条件，使矿物的搬运、分选有限，致岩屑含量突然增大（见表1－1）；第三，早二叠世晚期下石盒子期，盆地北部地壳明显抬升（见图1－5），物源区侵蚀作用再次加剧，大量碎屑物供给充足，但其中的岩屑含量和成分均有所变化（见表1－1），如云母含量比山西组明显增加，说明岩屑的矿物成分受构造演化而变化，使矿物骨架更为复杂。

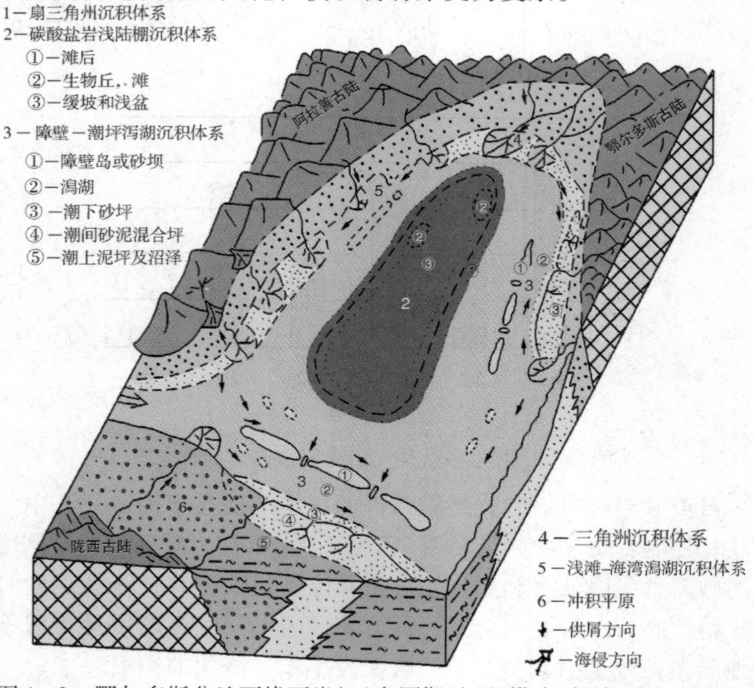

图1－3　鄂尔多斯盆地西缘石炭纪（太原期）沉积模式（据中石油，2005）

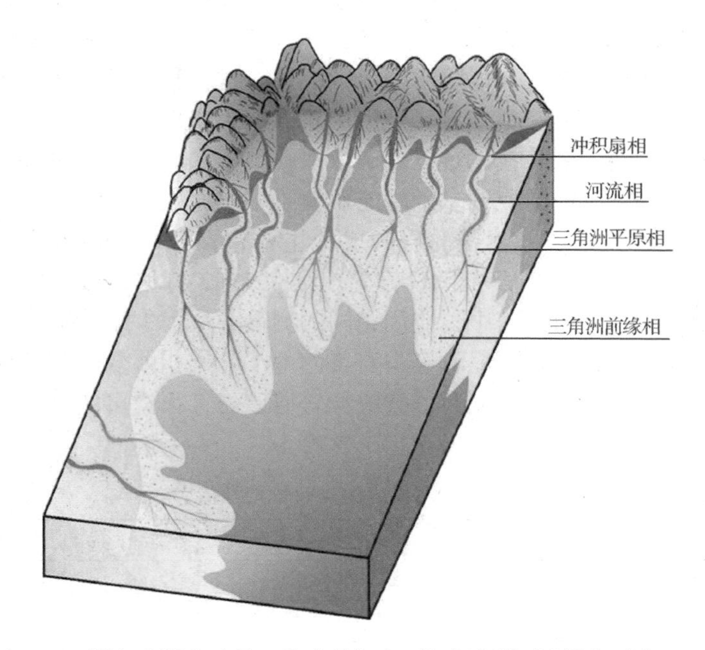

图 1－4 鄂尔多斯盆地早二叠世早期山西期沉积模式（据中石油，2005）

图 1－5 鄂尔多斯盆地早二叠世晚期下石盒子期沉积模式（据中石油，2005）

2. 岩屑砂岩骨架变化对测井解释的影响因素分析

由于专业思维所限，测井评价技术解读地质背景的能力相对薄弱，容易将岩屑砂岩混入石英砂岩的解释范畴。以石英砂岩骨架作为测井解释计算依据，通常其中子骨架为 -4%，密度骨架为2.65g/cm^3，声波时差骨架为55.5μs/ft。根据阿尔奇公式，其实质可被理解为储层的含气饱和度主要是孔隙度和电阻率的函数关系。这样解释因忽视岩屑砂岩的矿物复杂性，而一直缺少科学论证，在很多地区被沿用至今。当岩屑砂岩含量高到引起岩石骨架发生较大变化时，容易造成测井技术难以准确求取孔隙度的现象，并进一步波及饱和度计算精度。对岩屑砂岩测井响应的成因基础缺乏研究是根本原因。

岩心分析表明，该气田岩屑砂岩的岩屑成分主要包括片岩、灰云岩、千枚岩、凝灰岩、中酸性喷发岩、花岗岩、板岩和粉砂岩等。由表1-2可见，矿物实验数据揭示：岩屑砂岩矿物具有复杂的骨架值。其中，应用相同的测量方法(如中子测井)测量不同的岩屑矿物，如千枚岩、云母、板岩、绿泥石等与石英的中子骨架相差数倍甚至数十倍的骨架测量差异，可见仅仅应用石英砂岩的实验骨架解释岩屑砂岩，很有可能导致与生产实际反差比较大的测井解释结果(容易误导生产)。

表1-2　岩屑砂岩的实验骨架数值表

矿物	成分	中子骨架/%	密度骨架/(g/cm^3)	声波骨架/(μs/ft)
石英砂岩	石英	-4	2.65	55.5
岩屑砂岩	云母	30	3.14	64
	片岩	6.5	2.79	60
	千枚岩	8	2.79	58.5
	凝灰岩	?	1.38	65.1
	板岩	44	2.38	32.3
	绿泥石	52	2.79	?

由此可见，岩屑砂岩应属于多矿物复杂砂岩的解释范畴，研究中应考虑用复合骨架参数评价岩性和孔隙度。岩屑砂岩对该气田测井解释的影响主要表现在3个方面：

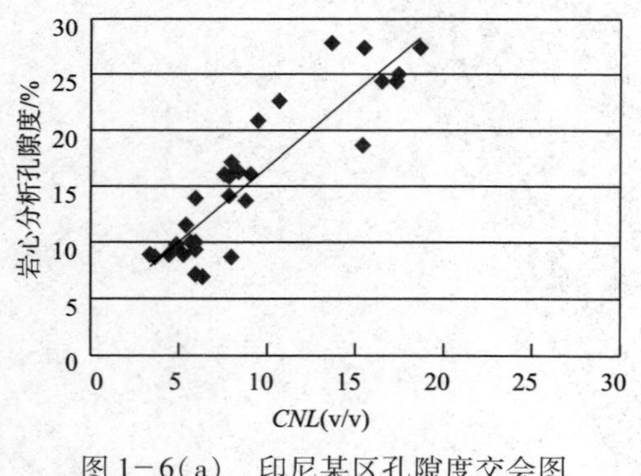

图1-6(a)　印尼某区孔隙度交会图

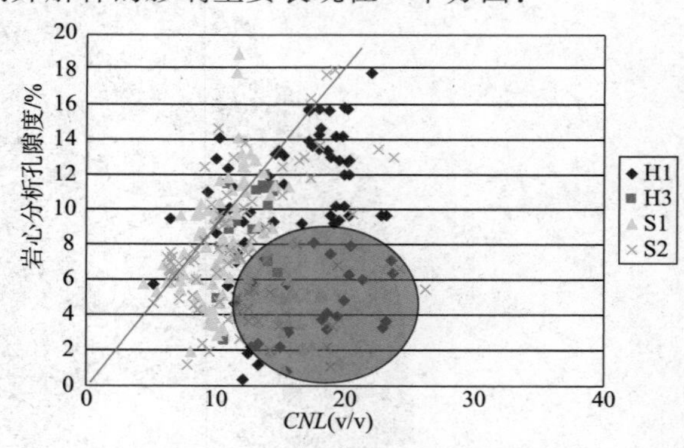

图1-6(b)　鄂尔多斯某区孔隙度交会图

一是测井响应特征混乱、多变。以中子测井为例，纯砂岩与岩屑砂岩的中子测井响应特征完全不同。图1-6(a)为印尼某区石英砂岩的中子孔隙度与岩心分析孔隙度交会图，其中子孔隙度与岩心分析孔隙度有着较好的相关性；图1-6(b)为该气田中子孔隙度与岩心分析孔隙度交会图，其中子孔隙度与岩心分析孔隙度关系很差，凸显出测井曲线含义的巨变，这种响应就是由岩屑矿物成分的差异所致，其中比较多的岩心分析为低孔隙度，中

子孔隙度却能达到20%左右(红圈内数据)。

二是物性求取难。图1-7为某取心井岩心孔隙度与测井孔隙度对比图(据中国石油化工股份有限公司华北分公司)。其中，深度段1和段4的岩心孔隙度从16%下降到8%，声波时差变化趋势同于岩心分析孔隙度，密度反之；深度段2和段3的孔隙度相差2%～3%，密度变化趋势同于岩心分析孔隙度，但声波时差值反之。孔隙度求不准成为测井解释大患。孔隙度测井曲线的不一致，常常是由岩屑砂岩的响应所致，也是其测井曲线含义的某种表现。

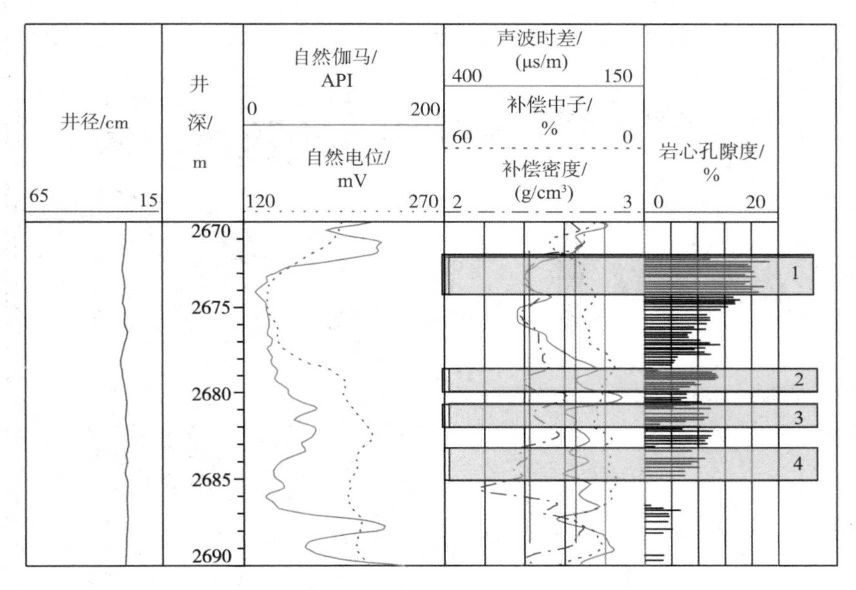

图1-7　某取心井岩心孔隙度与测井孔隙度对比图(据华北分公司)

三是生产测试与测井解释误差大。该气田测井解释与生产、测试的大量矛盾关系表明：岩屑砂岩含量高是造成这种矛盾关系的重要原因。其突出特点是：低产层有时计算的孔隙度比较高，“高孔隙度干层”的频繁出现[见表1-3(a)和表1-3(b)]就是这种矛盾的典型表现。岩屑砂岩矿物复杂性所造成的测井响应复杂性，导致许多矛盾被掩盖至今。

图1-8可看出，实测产能统计数据中，大约接近50%测试的天然气产能小于$1\times10^4m^3/d$，其中很多储层难以获得经济效益。

表1-3(a)　某气田单试低产层孔隙度统计表

井名	地层	平均孔隙度/%	无阻流量/($10^4m^3/d$)	解释结论	试气结果
2-31	山1	8.175	0	气层	干层
4-11		5.842	0.29		低产
35-2		5.386	0		干层
66-1		6.575	0.47		低产

表1-3(b)　某气田单试高产层孔隙度统计表

井名	地层	平均孔隙度/%	无阻流量/($10^4m^3/d$)	解释结论	试气结果
4-111	山1	7.198	7.78	气层	气层
4-19		7.394	6.41		
4-25		5.21	10.5		
4-27		6.227	7.58		

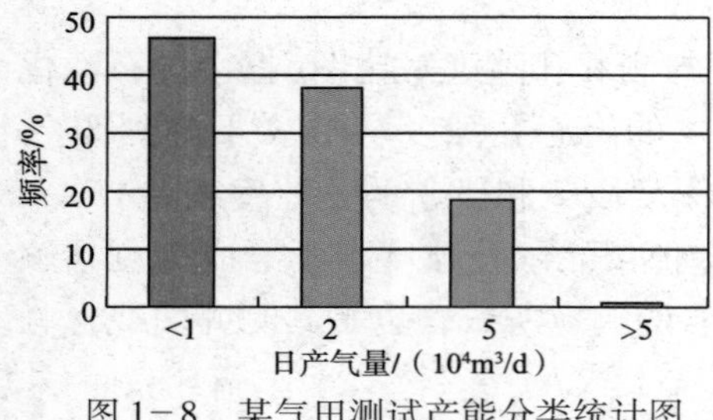

图 1－8　某气田测试产能分类统计图

研究表明，岩屑砂岩在我国中西部盆地及一些小型断陷盆地的含油气储层中广泛分布，这与其储层形成的构造演化密切相关，图 1－2 和图 1－9表明，即使在同一盆地内，岩屑砂岩在纵横向上变化也较复杂，其测井解释有可能是中国前古近系碎屑岩含油气地层面临的主要测井评价问题之一。

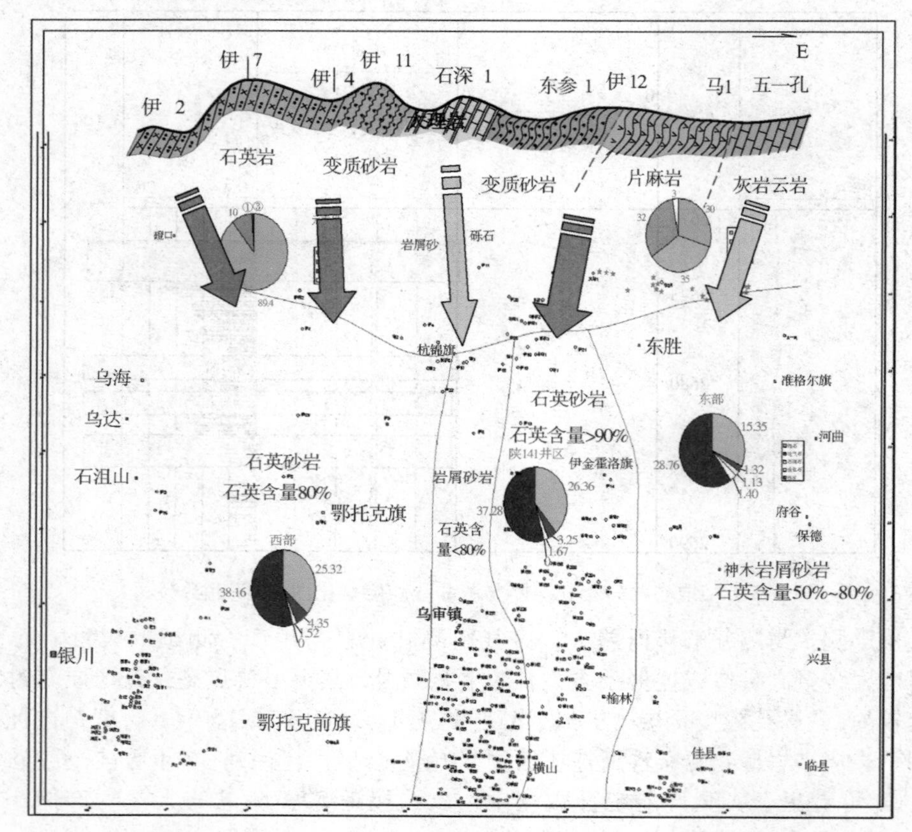

图 1－9　鄂尔多斯盆地山西组岩屑砂岩分布图(据中石油)

二、地质因素改变与非阿尔奇评价现象

利用阿尔奇公式准确评价储层流体性质的基本条件有两个，①现有技术能准确测量或还原地层孔隙度和电阻率；②找到正确的岩石骨架及阿尔奇解释参数(或者是二者变化规律)。这两个基本条件缺一不可，否则会造成测井解释精度低。

油气勘探开发目标及其地下地质条件的巨变，对测井解释冲击巨大。有些地层难以找全上述两个基本条件，因此非阿尔奇评价问题已成为测井解释技术的全新课题。图 1－10 为叙利亚某油田一碳酸盐岩储层，地质研究表明，该油田碳酸盐岩储层纵向上发育大量收缩缝，因泥浆侵入，导致油田几乎所有井的地层电阻率测井数据失真，纵向上油层、水层

和干层的电阻率测井值几乎都为2Ω·m，地层真实电阻率无法还原，使阿尔奇公式缺乏基本应用条件。

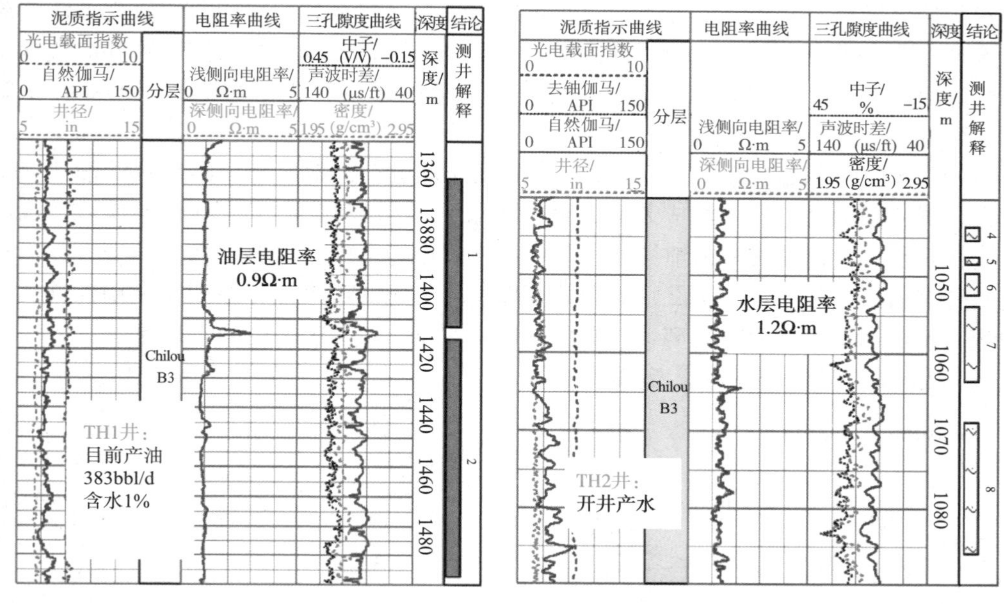

图1－10 叙利亚某油田油、水层测井图版

页岩气和煤层气是能源接替的热点，同样面临阿尔奇评价问题的挑战。图1－11为北美页岩气储层矿物组成百分含量统计图，页岩气储层矿物组成变化巨大，其岩石骨架与阿尔奇解释参数难以确定，使阿尔奇公式缺乏基本应用条件。更何况页岩气赋存状态不同于常规储层，它同时存在游离气和吸附气两种状态，其游离气的赋存状态类似于常规储层，对其吸附气的评价，阿尔奇公式也未必能准确实现。

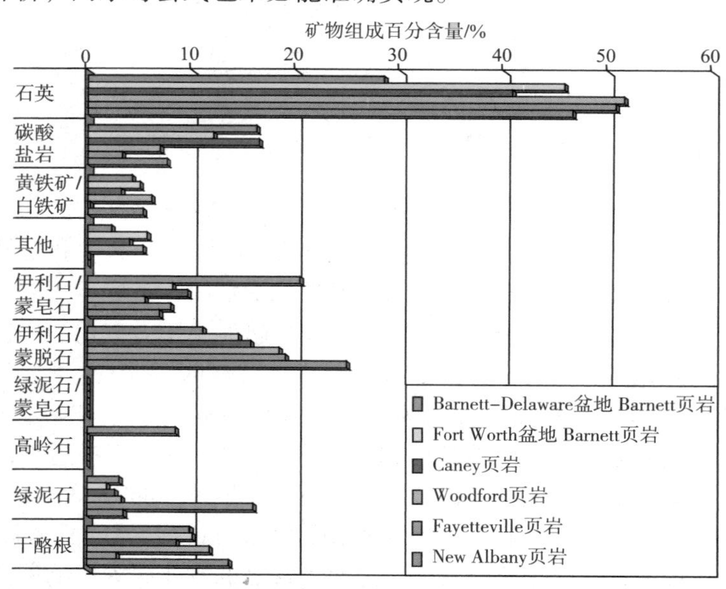

图1－11 北美页岩气储层矿物组成百分含量统计图（据国外资料）

三、工程因素产生的测井解释问题

现代油气勘探开发中，工程因素的作用日益强大，甚至对一些行业的研究方法造成重大影响。以注、采因素与储层的关系为例，长期注采易导致新钻井的储层测井曲线含义复杂，或应用原始测井资料难以代表后期注、采之后的地层含义，随之产生的测井认知问题，主要有3个方面。

(1)动与静的辩证。测井信息是油气田勘探开发史上，地层某一时间点的静态、瞬时记录，它与注采的动态特征构成矛盾，处理不好，易引起误判。如2000年前后，我国老油田流行开发中后期油气藏精细描述，其中一项关键技术就是“四性”关系研究，然而利用该技术复查的油气层经生产测试，效果并不理想，问题的绝大部分原因是利用四性关系建立的测井解释模型属于静态模型，但储层却因注采而变化(这是用静态思维尝试解决动态问题)，因此动与静的辩证也应考虑方法论。

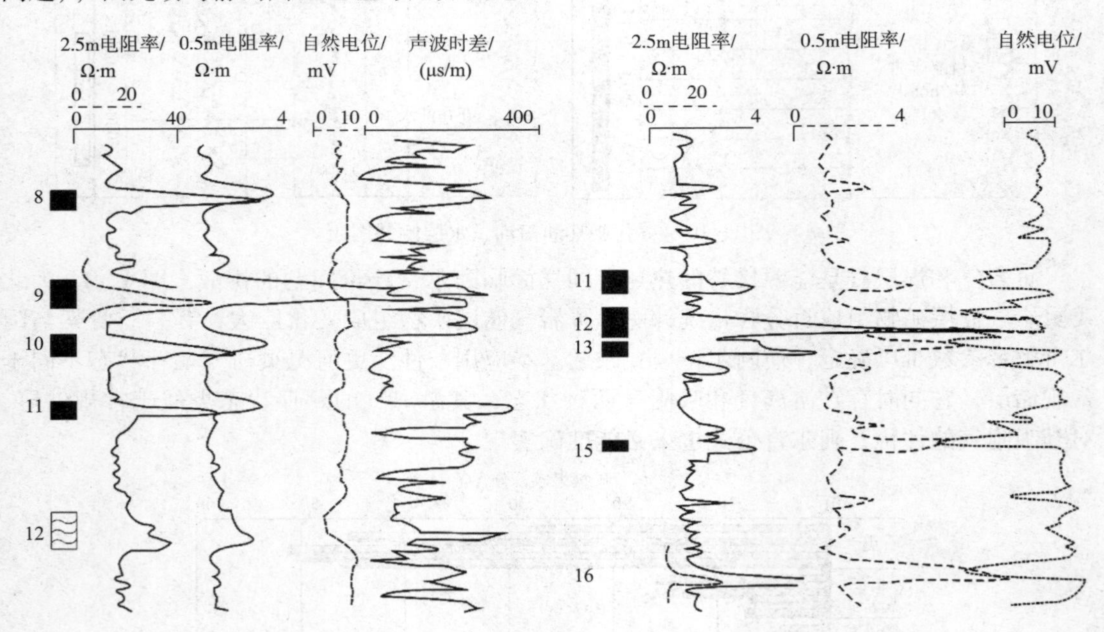

图1－12 注采引起地层压力变化的测井识别

(2)注采因素的发现与识别。工程因素引起的储层物性、油水饱和度及地层压力等变化，在测井曲线上的含义非常具有隐蔽性，其发现与识别同样需要运用方法论，尤其要解读地质背景与工程的可能关系。图1－12为一注采引起地层压力变化的实例研究，左图中新钻井1井10号层测量的地层压力系数为1.1～1.17，对应右图中注水井2井的12号、13号层，根据以往经验，该层常判断为水淹层，但测井信息表现出砂泥岩薄互层特征，声波时差的齿化现象尤为明显，由该特征推测10号层应处于沉积相边缘，故判断此层为岩性不均的未水淹憋压油层。该层经数日的试油验证，累计产油13.35t，不产水。

(3)注采因素终将影响测井解释思路。注采改变的储层，关键具备两个重要特征：①储层结构的物性特征；②流体流动特征。这两个特征的改变深刻影响着测井曲线含义的

微妙变化，进而对剩余油气的评价产生重大影响。剩余油气容易保存于储层物性结构和流体流动能力相对较差的地层结构中，这与注采前储层测井曲线的含义有着很大区别，因此对于注采后的地层，只有将储层结构中的物性特征和流体流动特征与测井曲线含义紧密结合，才有可能做到正确评价该储层，为油气挖潜提供依据。

第三节 现代测井评价的关键因素分析

利用阿尔奇公式评价地层，有其应用条件：即中等孔隙度和中等渗透率。致密储层评价时代的来临表明，现代与传统测井解释技术已有本质区别。许多成功评价的案例表明，准确解读测井曲线的地质与工程含义，是现代测井解释技术的关键，也可能是测井评价技术的未来发展方向之一。

事实上，地质和工程对象的历次突变，都会涌现测井解释新问题，并引发测井曲线的含义改变，这都是促进技术水平提升的重要机遇。现代测井技术的探索与其地质本质的认知已不可分割，测井技术只有站在准确的时间和空间坐标上，才能找到正解。测井地质学是正确解读时间和空间的钥匙。根据地质、工程对象变化而与时俱进，是测井解释技术的必然之选。

根据上述讨论，现代测井解释评价技术有必要开展 3 个讨论：①讨论地质内因与现代测井解释的内在关系。这一讨论将试图解答地质内因与现代测井解释方法的正确选择问题。②讨论背离地质认识，测井解释将面临哪些认知误区。这一讨论将试图解答地质内因在现代测井解释中的地位与作用问题。③讨论测井信息内含地质密码信号的破译手段。这一讨论将试图解答地质推断所需证据的识别方法以及地震解释目标的可靠追踪问题，为地质学家研究低丰度、复杂油气藏提供高精度依据。

第四节 现代测井评价的对策分析

测井曲线响应结构变化是一切问题的核心，它与构成油气赋存及工业产能结果的重大地质事件相统一，或者说重大地质事件是测井曲线响应结构变化特殊性的根本原因之一。例如岩屑砂岩造成测井曲线响应结构的重大变化，与构造隆升事件密不可分；又如页岩油气的形成与其自生自储的地质事件紧密相连；再如已发现的有些裂缝性致密砂岩油气层的研究、预测与地层推覆事件有关等，均表明重大地质事件与测井曲线响应结构变化具有深刻的内在关系。

因此，地质结构变化决定测井信息结构，其表现形式虽隐蔽而多样，但我们仍可找到两个破解现代测井解释评价难题的线索。①宏观线索，即宏观决定微观。重大事件的特殊性，必然导致微观地质结构的特殊性，进而决定着测井信息的响应结构。顺着这个思路，可利用重大地质事件的特殊性研究，预测微观测井含义的特殊性，然后对症下药，选择与之相适应的解释方法。②微观线索。根据岩心分析及生产测试等实证性成果的统计研究，寻找测井含义的特殊性，然后对症下药，选择与之相适应的解释方法。

具体到针对致密、低饱和度油气层测井解释新手段的探索，可以推敲的方向有3个。

(1)有效信息的强化、叠加研究方法。现代测井解释的对象，其测井曲线响应结构变化的最大特征是曲线响应结构的多样化和复杂化，与20世纪的测井解释比较，其特点是干扰响应远大于油气响应，这是使传统技术频频失效的主因。其结果将可能带来测井解释技术划时代的改变。原有的单一方法识别油气的时代正在消失，油气敏感信息的强化与叠加研究，可能是未来致密低饱和度油气层识别的趋势所在。例如常规测井中普遍存在的3条孔隙度曲线，它们的岩性识别与流体识别方法各不相同，如果探索出强化油气信息、压制成岩与孔隙结构信息的分析方法，无疑对流体识别大有裨益。

(2)孔渗结构及其类型的研究方法。测井曲线响应结构变化的一个重要表现形式就是孔渗结构的重大改变，孔渗结构的特殊性极大地影响着测井解释方法的选取。在测井解释评价中可观察到的现象主要有两个方面：①20世纪有效储层的孔渗关系在交汇图上多呈近45°相关，但致密储层的孔渗结构或者远离45°相关，或者呈多种相关关系。这是因为地质结构变化的特点不同，则孔渗结构的特征各异，致密储层成因不同，导致孔渗结构千变万化。②孔渗结构的改变直接导致流体识别方法的重大改变，20世纪的有效储层常可用孔隙度划分各类储层的界限。致密低饱和度油气层常用之无效，它与孔渗的二元关系更相关。因此对于致密、低饱和度储层而言，较为准确地孔渗结构研究，常可较准确地推测出储层产能特征，而成为油气发现的关键。弄清致密、低饱和度储层的孔渗结构类型，然后对症下药，选择与之相适应的解释方法，可能是一种针对致密储层的可选途径。

(3)饱和度计算模型的新探索。现代测井解释研究的对象，常具有多重地质事件叠加的特征，如致密砂岩常见成岩作用与构造隆升、地层推覆等叠加，页岩油气常见多矿物与成岩作用、构造作用等叠加。多重地质作用叠加的结果，必然对阿尔奇解释参数带来重大影响，能被直接观测到的现象就是岩电实验所得出的阿尔奇解释参数复杂多变，难见规律。实践发现，只要找到某一地质作用与阿尔奇解释参数变化的规律，同样可以获得较为准确的饱和度计算模型，其中基于变“m”值的饱和度计算公式研究很值得探索(李浩，2012)。例如将阿尔奇解释参数中的a、b和n值固定，在分析中把所有变量均附加于“m”值，可以发现，对于酸性火山岩储层，其成岩作用与“m”值有着明显相关性，且这种相关性可以利用电阻率变化作为分析桥梁，针对中石化松南火山岩的新钻井预测应用，测井解释精度大于85%，说明基于变“m”值的饱和度计算具有很好探索前景。

由此可见，弄清测井曲线响应结构的变化成因，对于选择正确解释思路意义重大。另外，拓展测井评价技术的研究思路，同样有助于复杂油气层的测井解释。例如基于测井技术的储盖组合一体化研究识别流体、利用测井信息识别异常压力以及隐蔽裂缝研究等，均有可能成为测井解释的有效方法。

油气勘探开发的历史表明，人类发现油气只能是一个由简到繁的过程，这意味着测井曲线记录的内涵只能越来越复杂，人们想做好测井评价，也只能不断提高对测井曲线的解读能力。因此测井曲线含义的持续研究，可能就是现代测井解释技术的关键。

第二章　地质背景解读与测井评价

阿尔奇公式应用有其储层的先决条件是：中等孔隙度和中等渗透率。实践表明，满足该条件，测井评价精度就高；反之则问题不断。如低电阻率油气层、复杂岩性油气层及水淹层的评价等，这些问题的共性是：储层孔、渗关系与阿尔奇公式条件产生了偏差（如许多水淹层常具有高渗通道，导致剩余油气难以采出，使测试结果与评价结果常不吻合）。它们是20世纪测井评价的隐忧。

隐忧的滋长，终会成为麻烦，测井评价也在所难免。如今低孔、低渗和低丰度已是国内储层的新常态，挑战着阿尔奇公式的适用性。其微观本质是储层孔、渗关系的根本变化，且这种变化的多样性，在测井曲线上还对应着众多难以辨认的表象，其宏观本质是地质条件的变化使然。

测井评价技术的更大隐忧在于思维方式！过于依赖地球物理的思维习惯，容易在应用时刻板地依据实验所能证实的地球物理现象，然而地质的复杂程度难被实验包罗万象。因此测井评价技术实际从一开始就暗伏了认知隐患，它愿意遵循被证实的地球物理原理，却时常忽视研究地质或工程背景与测井曲线的响应关系，尤其是地质内因的含义解读。随地质和工程条件的日益复杂，这隐患也日渐强大。两个方面问题已开始明显制约测井评价的精度：①因不能准确解读背景因素，导致研究方向产生偏差而难以察觉；②即使已发现研究出了问题，也可能因不明原因而无计可施。

为了阐明上述问题，可把测井曲线的响应拆分成仪器原理、地质事件和工程条件3个部分考察。从测井曲线的形成看，当仪器刻度一致时，用同款仪器测量同一地层，测井曲线的形态不变丝毫，这说明对于同一地质背景，曲线的地球物理记录完全一致；换个角度来看，对于相同原理的仪器，测井曲线变化万千，实质在于地质或工程因素的不断改变。其中地质因素应更重要。这也是20年来，相同仪器的测量原理未变，但地层评价与流体识别却越来越难的缘由，它反映出地质因素的变化，其实深刻地影响着测井评价方法的选择。

从油气识别的本质看，油气赋存的实质也仅是众多地质因素之一而已，人们能否准确识别油气，仅在于是否解读出测井曲线的油气含义。地质背景与测井曲线的关系解读，无疑是测井评价的重要课题。本章将试图以一些地质背景因素与测井评价案例剖析，阐明测井曲线地质含义研究对测井评价的重要性。

第一节 避免测井评价隐患的关键因素

任何油气地质预测是否准确，取决于地质模型关键因素的猜测是否吻合地质背景条件，测井评价同样如此。事实表明，脱离地质背景认识的测井评价，更像是一种"赌博式"的认知，不经意间将测井评价认识寄托于运气。因此利用测井技术研究复杂油气地层时，关注测井曲线存在的地质含义具有重要意义：①曲线地质含义的正确解读，可为猜测地质模型的关键因素指明方向，起到为地质研究准确举证的作用；②精准的地质认识，有助于找到流体识别的敏感因素和提供可靠的测井评价依据，为高水平的测井解释打下坚实基础；③充分的地质证据，可以为降低投资的决策风险提供保障；④精细的地质分析，有可能为低成本发现海外油气资源及海外资产的油气复查提供依据。

第二节 测井评价的常见地质问题分析

国内外油气勘探开发目标的复杂化、隐蔽性，使测井评价技术面临多重挑战和全新探索。而其存在多方面问题也亟待解决，由于种种问题一时难以罗列全面，现试举几例，供专业人士参考分析。

一、思维刻板，忽略本因

目前测井评价技术研究的主要方式是建立储层评价的数学模型，而不同储层所具有的成因多样性非单一数学模型可以准确描述。

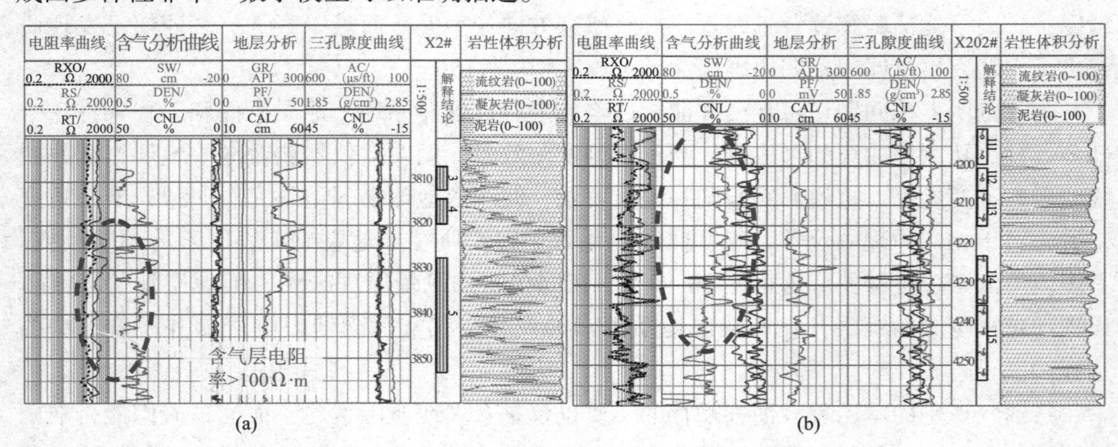

图 2-1 X2 井区 X2 井(a)和 X202 井(b)测井解释分析图

图 2-1 为中石化 SN 气田某井区的两口探井，其岩性为火山岩。在解释第一口探井 X2 井时发现该井测井响应特征相对单一，储层电阻率、孔隙度与围岩的差异较小[见图 2-1(a)第一、第二道]，测井解释规律相对简单，采用阿尔奇公式即可准确评价储层；但

是在解释随后钻探的X6井及X202井时发现，这两口井测井曲线响应特征多变，储层电阻率、孔隙度与围岩的差异大[见图2－1(b)第一、第二道]，测井解释规律相对复杂，前面的方法难以准确评价储层，针对该类火山岩储层研制了基于可变“m”值的阿尔奇公式(破解出阿尔奇解释参数的变化规律)，问题才得到解决(李浩，2012)。

上述问题的出现，究其原因是地质内因对测井曲线的影响。牢牢把握住这一点，问题才能迎刃而解。图2－2是两口井测井信息与地震、地质背景信息的比较分析，图中两井虽处于同一探区，但测井响应和测井解释方法差别大的原因在于：X2井受次火山因素影响明显，物质相对均一(储层电阻率、孔隙度与围岩的差异较小，地震为弱反射)，测井解释相对简单；X202井受喷、溢交叠等火山作用影响明显，物质变化大(储层电阻率、孔隙度与围岩的差异大，地震为层状反射)，测井解释相对复杂。

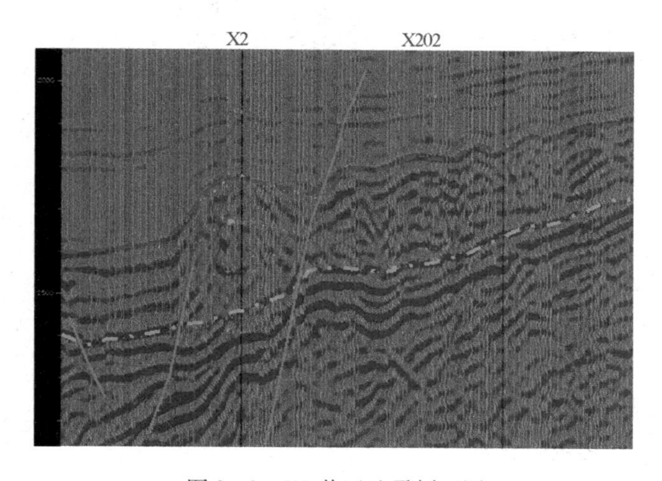

图2－2　X2井区地震剖面图

由此可见，地质内因深刻地影响了地震信息与测井信息的联动响应规律。深入研究三者之间的内在关系，已是现代油气地质研究的重要课题，也是复杂储层油气地质评价持续发展、融合的一个重要方向。

二、照搬公式，忽视岩性

储层岩性是测井曲线最重要的背景因素之一。岩性剧变容易引发孔隙结构的对应变化，常导致岩性响应掩盖含油性测井响应的现象。如粉、细砂岩油层电阻率低于砂、砾岩水层电阻率便是常见的例子。

图2－3为DG油田某开发区东营组地层，沉积背景为三角洲平原河流相。地层剖面的下部为分支河道砂岩，岩性主要为细砂岩，录井见油斑显示，电阻率高，测井解释为油水同层，试油却为纯水层，日产水21.7m^3；该层上部相变为河间沼泽微相，岩性为细砂岩与粉砂岩薄互层，录井同样见到油斑显示，因电阻率太低，测井解释为水层，试油却出纯油，日产油8.18t，无水。

上述问题在测井评价中屡见不鲜。其原因在于脱离地质背景的解读，容易出现地球物理响应掩盖地质本因信息，导致错判。岩性在测井曲线上的差异具有多种表现形式，总体可分为显性与隐性。前者为岩石成因或岩石类型的改变，其测井曲线变化相对明显，较易识别；后者为岩石组分或构成岩石矿物类型的改变，其测井曲线变化相对隐蔽，不易识别。现今的致密储层评价，后者居多，评价难度更大。其测井曲线地质含义的解读常常有助于发现次生孔隙，从而成为致密储层油气识别的关键因素。

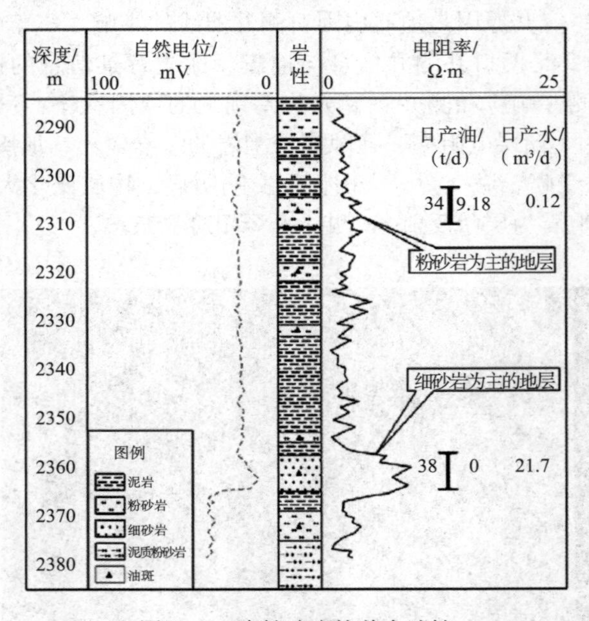

图 2-3　岩性响应掩盖含油性

三、只见微观，忘却宏观

以地球物理方法为基础的测井评价技术容易局限于微观。其过于倚重微观分析和数学计算，结果难免只见树木不见森林。因为宏观背景概念常不甚明朗，传统技术的许多研究内容常背离构造样式和沉积模式的指导。

图 2-4(a)为 DG 油田南部一个低阻油层发育区的测井分析图版。图版的纵坐标为具有单一圈闭含油高度的油藏埋深，横坐标为含水饱和度，对于自然伽马曲线数值相近的纯岩性，其储层含水饱和度随含油高度的降低，在分析图版上呈有规律的增高趋势。对于含粉砂及泥质的储层，虽然位于油藏的较高部位，但是其储层含水饱和度却比较高[见图 2-4(a)中偏离趋势线的点]，尽管试油为油层，测井解释却常评价为水层，这是由于测井曲线中的地质含义很抽象，难以准确解读，却真实地影响着流体识别和测井评价。

图 2-4(b)为 DG 油田某开发区东营组地层的油水关系分析图版，根据该图版可知，电阻率已很难反映出该区油水层的解释关系，高电阻率水层与低电阻率油层出现在同一油组中。在历年对该地区的研究中，一直用统一的解释模型和解释参数，定量解释东一油组和东二油组，但测井解释的符合率却一直低于 50%，油水层解释倒置的现象非常普遍，造成这种现象的根原在于对沉积因素的测井曲线含义理解不够。

弄清楚该区纵横向沉积变化特征之后，重新开展了流体识别图版研究。研究中，引入能反映岩性变化的自然伽马相对值 ΔGR[$\Delta GR=(GR_{目标层}-GR_{纯水层})/(GR_{最大值}-GR_{最小值})$]，

目的是希望在图版中直观地反映岩性变化含义与储层解释的关系。

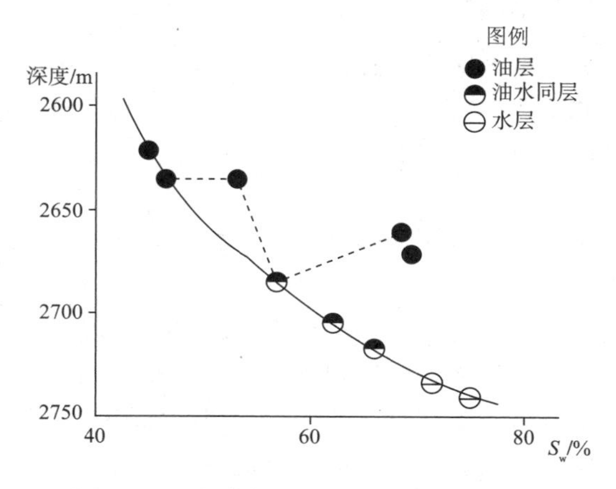

图 2-4(a) 构造因素与测井评价分析图

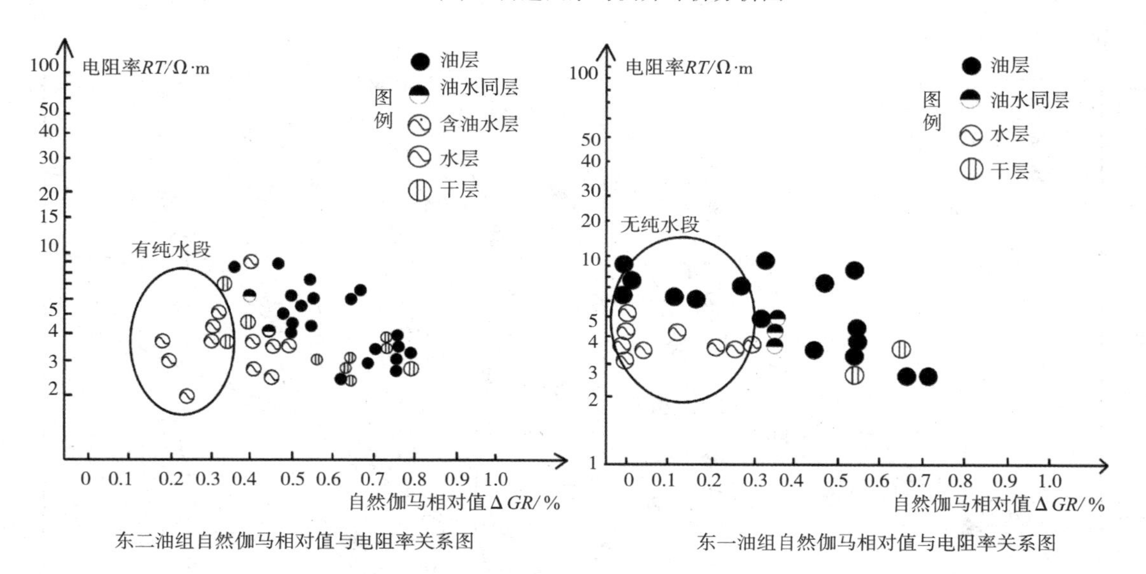

图 2-4(b) 沉积因素与测井评价分析图

图 2-4(b)非常清楚地反映出沉积水动力变迁对油气解释的深刻影响。首先，东二油组油气界限的 ΔGR 值为 0.5，东一油组油气界限的 ΔGR 值为 0.3，明显向左偏移，为水动力条件增强对测井解释规律的影响。其次，与东二油组相对应[图 2-4(b)左图左部]，东一油组纯水段缺失[图 2-4(b)右图左部]，说明该段岩性不再控制油水解释，而电阻率对油水解释的影响开始加强，进一步表明沉积水动力条件增强，对油气解释的根本性改变。第三，比较东二油组、东一油组油水过渡带的迅速缩小，说明随沉积环境逐渐改变，水动力增强，岩性变粗、变纯，油水解释关系随之相对清晰。研究区东二—东一油组解释关系的转变，是沉积条件在纵向上由河间沼泽向分支河道逐渐变迁的结果。采用新研制的测井解释图版对该区开展测井解释和油气复查，见到显著效果，测井解释符合率达到 86.9%。其中，D4-9 井和 G1-54-2 井均得到生产验证。(李浩，2000)

四、认知局限，难脱束缚

测井评价技术以地球物理方法为基础，但毕竟还不是一种由表及里、深入浅出，揭示地质本源的分析技术，其研究手段难免存在局限性。它的很多研究手段与数学方法相依相存，而油气勘探开发更需要对本质因素的探寻，因此它更急需测井技术本身蕴涵的高清晰预测功能。

由于研究思路多侧重微观或单井的纵向变化分析，而对于宏观的、横向上的研究和预测参与不多，测井评价技术失去了很多展示自身潜在特长的机会。事实上，将测井评价成果放在宏观背景上考察，也可能得到许多意想不到的地质发现。

以地层压力分析为例，历年来多应用测井资料预测和检测地层压力计算结果，将测井计算的地层压力用于宏观分析则不多见。图 2－5 为 DG 油田白水头地区沙一中地层压力系数分布图，该图清晰地反映出该地区断裂体系对地层压力具有控制作用。以白水头主断层为界，可分为几个断块，不同断块地层压力系数各有一定的差异性，说明压力的分布还受局部断块的影响。

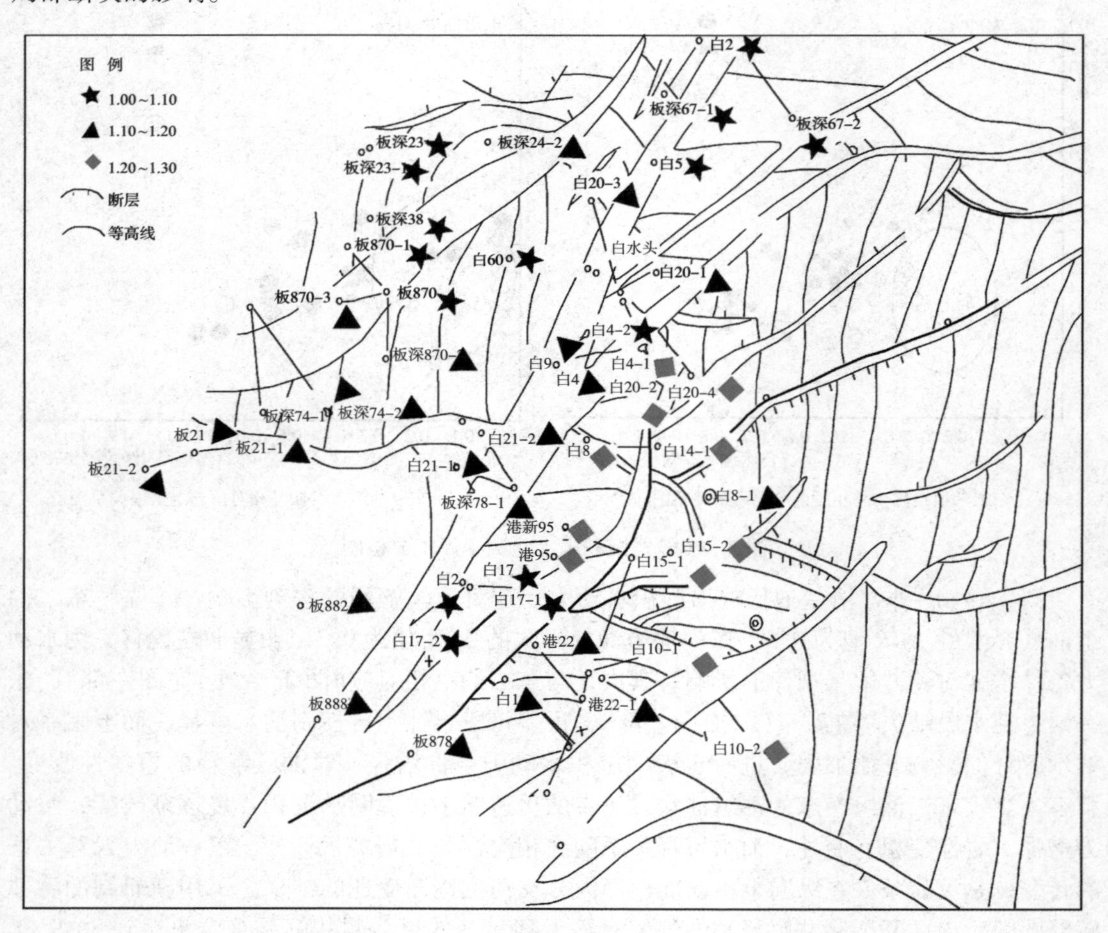

图 2－5　压力预测与断层成因

利用图 2－5 研究白水头主断层可发现，主断层中部地层压力异常增高(图 2－5 中红色菱形)，而断层两侧的地层压力系数不高，基本为正常地层压力(图 2－5 中黑色五角星)。这种地层压力的分布特点，揭示其主断层成因很可能是“平错扭动”的成因机制：主断层两翼局部扭动，扭动造成断层两侧地层压力分布各不相同，其受力一侧受扭动影响，地层压力有所增加(图 2－5 中黑色三角)，其另一侧受扭动影响，断层有所开启而成为正常压力；主断层中部由于错动挤压而产生异常高压。

上述分析表明，将单井分析结果联合起来，也可获得对宏观地质推理的佐证。提高测井技术的预测研究能力和石油地质分析能力，才能充分体现测井评价技术的完整性。

五、观念守旧，忽视变化

当前测井评价的对象已发生深刻变化，因循守旧则必然面临困局。以碎屑岩电阻率测井的地质信息构成为例(见图 2－6)，2000 年前为高饱和度、简单孔渗关系油气藏的测井信息模式图，这类油气藏的油气信息占比大，其测井响应突出，而成岩作用与孔隙结构等测井信息占比小，岩石骨架简单，故油气层易于识别，利用阿尔奇公式定量解释准确；2000 年后为低饱和度、复杂孔渗关系油气藏的测井信息模式图，这类油气藏的油气测井信息占比很小，岩石骨架、成岩作用及孔隙结构等测井响应信息远大于油气信息，以致油气信息有时甚至可以忽略、难以识别，这类储层的阿尔奇公式面临适用性的重新评估，或是测井解释方法的重新探索。

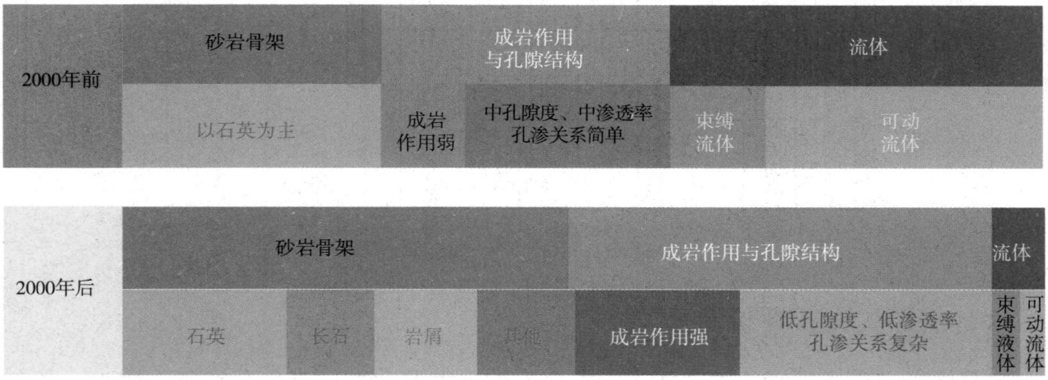

图 2－6　2000 年前后测井曲线的主要信息构成示意图

地下地质的改变，在含油气丰度的测井曲线记录上也有体现。储层含油气丰度由量变走向质变，也必然引起测井曲线对应改变，如果察觉不到，也容易出现评价问题。图 2－7(a)、图 2－7(b)为中石化 SN 气田两个火山岩产气层。其中，图 2－7(a)中 X1 井位于构造高部位，储层含气饱和度高，按照气层识别理论，测井计算的密度、声波及中子孔隙度在干层处全部重叠后，气层表现出三者清晰的有序排列，当储层含气饱和度逐渐降低[图 2－7(a)中 5 号层向 6 号层过渡]，则这种有序排列差别开始变小，界线开始有些模糊；图 2－7(b)中 Y1 井位于构造低部位，其 5 号层测试日产气近 $2\times10^4 m^3/d$，并有一定量的水产出，由于含气饱和度比较低，3 条计算的孔隙度曲线几乎完全重合。可见由高饱和度向低饱和度转化时，测井信息的含气特征随之改变，构成量变向质变的转化，测井曲线记录了地质含义的变迁。

根据上述认识，SN 气田酸性火山岩气层测井解释的最终解决关键之一就是得益于储层饱和度变化规律的准确把握。这一案例表明，在以往的油气测井评价理论中，或许存在一些思维的盲点，这些盲点就是难以认知储层地下地质的含义。

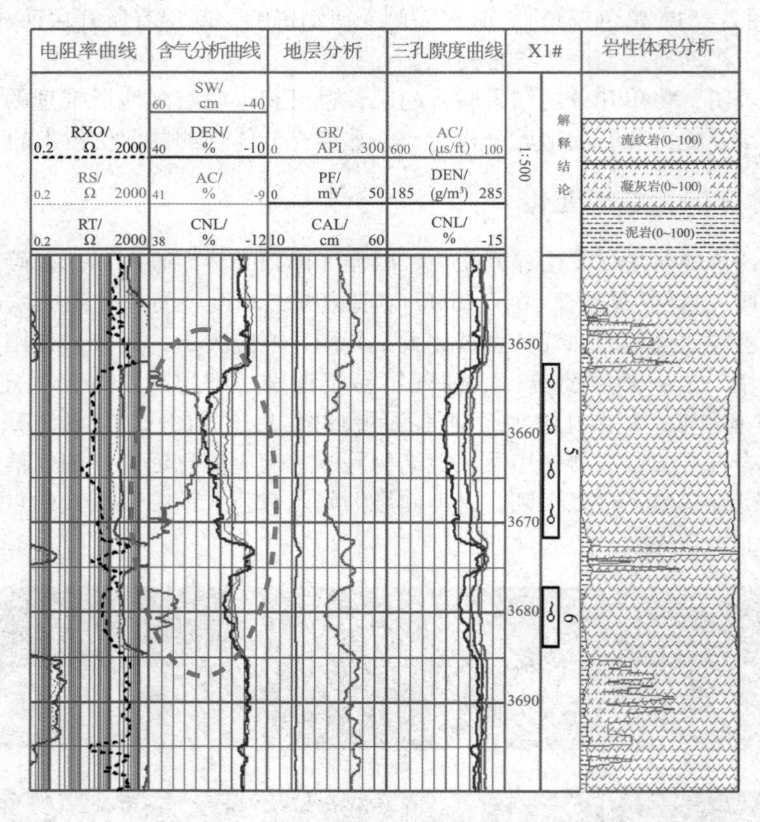

图 2-7(a)　X1 井含气识别分析图

六、仪器优先，评价滞后

效益优先是市场经济的黄金法则，但效益的强大驱动力也难免存在负面因素。各测井服务公司为最大限度地占有市场份额，频繁推出测井新仪器。测井仪器发展速度快于测井评价发展速度的结果，必然导致测井曲线的应用水平相对不足：①它暂时制约了人们对丰富测井信息的深层次理解与认识，使测井新技术的应用不充分；②测井新方法的过于专业化也限制了测井专业与其他专业的有效交流，影响到测井信息的地质应用效果。

测井评价技术还有诸如非常规油气层的测井评价，以及一些地区面临非阿尔奇公式评价思路的探索问题等。以上问题对测井评价技术提出了新的挑战，各相关专业需要测井技术提供更具参考价值的研究成果。

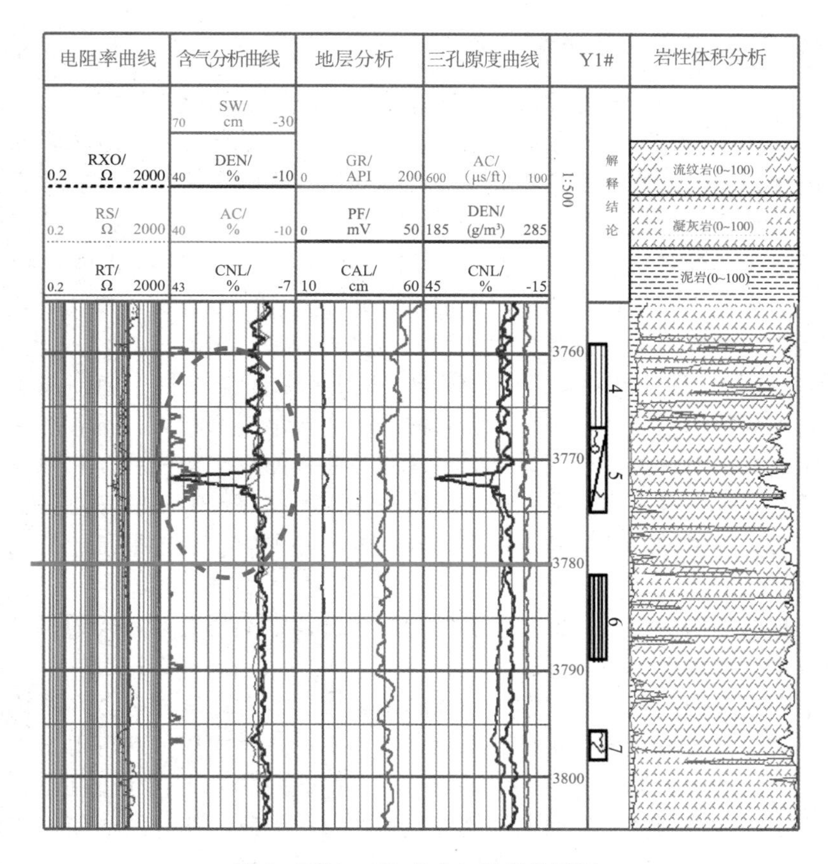

图 2-7(b) Y1 井含气识别分析图

第三节 地质背景难以解读的原因与对策

一、地质背景难以解读的原因分析

我国现今测井评价技术问题不断，究其原因与两个方面因素密切相关。①它容易忽略地质背景因素的准确解读；②它强于微观分析，弱于宏观思考，难以站在宏观上看问题。如某一地质或工程参数已改变，测井评价却时常难以察觉，以致评价方法出现不适。另外，测井曲线对地下地质的记录具有隐蔽性，是测井评价试图解读地质内因的一大障碍。因为难以准确认知地质主体，测井评价不可避免地容易出现判断失误。因此寻找和识别测井曲线隐含的地质内因，无疑是解决上述问题的重要思路。

深入的测井地质学研究表明，测井曲线内含地质属性，地质背景的改变，都会造成测井曲线信息的相应变化。根据地质本因与测井曲线之间的内在关系推理，弄清测井曲线的地质含义，有可能是提升测井评价水平的有效途径。

二、准确解读地质背景的对策思考

要避免上述问题出现，测井评价技术需面临两个方面的调整：

(1)知识结构的调整。油气勘探开发对象的复杂化，要求与油气地质研究相关的所有专业必需紧密协作，因此测井及其相关专业面临知识结构的交流与调整。对于复杂地层的深入研究表明，地质背景的演化决定了测井信息响应的结构特征(包括岩性特征、成岩特征、矿物特征以及含油气特征等)，只有深入地了解这些特征，才有可能找到消除非油气因素影响，突出含油气信息识别的应对方案。因此测井评价方法和与油气层识别有关的解释图版制作是否正确，与地质背景演化认识的正确与否密切相关。

(2)对复杂地层开展测井解释理论新探索。地下地质的复杂性，使测井曲线的油气信号日益微弱，工程技术的不断进步，对测井曲线的影响也越来越大，不容忽视，以往应用地球物理思维包打天下的方式已明显过时。从测井曲线的响应构成看，它明显包含仪器原理、地质事件和工程条件 3 个部分，以地球物理作为测井评价唯一的理论基础，已明显不能满足应用需求，探索基于地质和工程理论基础的测井评价方法，很可能是现代测井评价技术的典型特征。

地质和工程的不断变化，一方面会引发测井评价技术不断遭遇新问题；另一方面它需要测井评价技术与时俱进、不断反思。

如果将不断出现的测井评价问题与侦探破案类比，二者高度相似：在评价高孔渗、高油气丰度储层时，只要根据测井解释基本原理结合生产测试成果，即可得出正确结论，这与一般性案件的侦破过程无二(刑侦基本原理结合现场证据)。在评价低孔渗、低丰度储层时，则头绪纷杂、常遇困境，犹如案件侦破线索的每每中断。此时的刑侦一般要回到两个原点。一个原点是作案动机。推断案件性质与作案嫌疑人的心理动因是否相吻合，与之相类，测井专家要推断地层性质与所用解释技术是否相吻合。另一个原点是案发现场。破案专家往往试图在此找到遗漏线索，测井评价同样如此，测井解释结果与生产测试产生矛盾，常常就是遗漏了某些关键线索，这个线索可能就是地质因素。事实证明，脱离地质认识的测井评价非常冒险，它已明显不适用于复杂地层。

人的智慧常局限于自身的认知，而智慧的提升又取决于认知是否突破。然而人的悲剧很多在于观念的禁锢，使自己不断地重复错误，这犹如杜牧在其名篇《阿房宫赋》中提到的“后人哀之而不鉴之，亦使后人而复哀后人也”。

大自然对人类的启示，常假手于人的错误或异常现象，引发反思，促使人们变换观察事物的角度，因此善于反思的人，最可能获得智慧的增长。现代测井评价技术所遭遇的种种问题，正是开启新思维的良好支点，测井曲线蕴含的丰富信息，需要不断探索，才会获得清晰解读。准确解读测井曲线内含的地质或工程背景，可能是现代测井评价技术的关键所在。

第三章　我国测井地质学的发展历程与启示

测井评价技术发展至今，至少有3个问题如鲠在喉，成为制约其充分施展的隐忧。①作为地质研究的工具之一，测井评价却与地质研究几乎割裂，因而地质研究常忽略其复杂性的本质，故无论是测井解释，还是测井地质研究，各存局限；②作为高精度地层信息，测井地质学因缺乏系统还原地质演化本貌的方法，故难以满足油气评价的原貌复原需求；③作为识别油、气、水的核心方法，测井解释技术罕有地质、工程背景巨变对其造成的根本影响的讨论，研究手段多拘于地球物理方法的“一孔之见”，故远未形成以宏观视角探索测井解释本质问题的思维，其解释理论也自然难以满足针对复杂对象的评价精度需求。

反思无疑是改变与创新的源泉之一。我国古人创新，有反思源头寻求正解之法，如朱熹在其诗作《观书有感》中写道“半亩方塘一鉴开，天光云影共徘徊；问渠那得清如许，为有源头活水来”。诗中富含哲理，也阐明其创新观。测井评价技术的认知源头是否存在问题？这确实值得讨论！事实上，只要弄清测井曲线中地质含义的解析方法，测井解释与地质研究才可能真正地交相辉映、相得益彰。

以史为鉴，可以知兴替。因此，有必要从测井地质学的发展历程入手，总结其成败得失，从源头上寻找破译测井曲线地质含义的有效方法，使测井地质学焕发活力。

第一节　测井地质学的定义与研究内容

测井地质学是以地质学和岩石物理学的基本理论为指导，综合运用各种测井信息，来解决地层学、构造地质学、沉积学、石油地质学以及油田地质学中各种地质问题的一门学科。

测井地质学是地质和测井两大学科相互交叉、渗透而派生和发展起来的新兴边缘学科，是20世纪80~90年代石油勘探事业和石油科技飞速发展应运而生的地球物理和地质学相结合的一个分支学科。其研究的内容包括：①测井地质学的基础地质研究。其目的是开展构造地质学研究、测井沉积学研究以及建立区域性统一的地层层序。②测井地质学的石油地质研究。其目的有两个，一是解释油、气、水层，确定与储量有关的测井分析参数；二是利用测井信息研究生油层、盖层及油气的生、储、盖组合。③测井地质学的油田工程地质研究。其目的是综合各种测井信息，应用于地震解释设计、钻井设计、油井压裂、试油过程中的泥浆配制、套管的损伤与变形、油层保护等工程地质的研究。（王贵文、郭荣坤，2000）

综合上述，根据学者们对测井地质学定义及研究内容的界定，可认为测井地质学的本质就是关于把测井响应复原为所测地层演化原貌的一种技术方法。

我们知道，测井响应的本质就是地层信息以电、光、核等方式的密码化。测井地质学的发展历史，实际是该密码的破译历史。测井地质学研究的目的，就是试图找到测井响应与地层信息之间的全部转换关系。

第二节　我国测井地质学的发展现状分析

最早系统总结测井资料地质应用的是 S. J. 皮尔森(Pirson)，1970 年首次发表且于 1977 年再版的《测井资料地质分析》一书，为测井地质研究奠定了基础。其核心是把测井资料用于油区沉积学研究，进而描述油气储集层。他系统地阐述了测井资料在碎屑岩沉积相带识别、异常压力预测、油气分布与水动力条件等方面的应用。之后，不少国内外学者也相继发表了一些性质类似的文章，这些文献对油气地质和勘探起到了良好的促进作用。目前，测井资料已在岩石学、沉积学、地层学、构造地质学、油气储层评价、生油岩及油气盖层评价等地质学领域中得到广泛应用。

我国的测井地质学研究已有 30 多年，但系统介绍其发展和应用的成果有限，因此汇总研究很有必要。追溯测井地质学的历史，测井与地质专业的交流始终是其核心线索，也是兴衰之魂，这其中有得有失，更待反省。根据研究成果的层次和测井技术自身的发展特点，我国的测井地质学发展大致可分 3 个阶段。

第一个阶段是测井地质学的引入和初探阶段，其时间集中于 20 世纪 80 年代。这一阶段主要有两个特点：①翻译和引进了一些国外学者关于测井地质学理论及应用的重要著作。如 S. J. 皮尔森的原著、《AAPG》及《The Log Analyst》等发表的部分文章。②国内的一些测井及地质学者开始转型，其中地质工作者以尝试常规测井技术(包括电阻率测井、孔隙度测井、自然伽马测井、自然电位测井及井径测井)的地质应用为主(见图 3-1)，而测井工作者主要尝试当时的新型测井仪器，如地层倾角测井及自然伽马能谱测井等技术的解释应用，部分学者也相继探索测井技术的地层压力预测研究并获得成功(见图3-2)，这一时期涌现出一批优秀的研究成果，主要有马正、陈立官、张服民等人利用测井技术对沉积相和沉积环境的研究；肖义越及赵谨芳等人及胜利油田利用地层倾角解释技术开展构造和沉积方面的研究；王笑连、李明诚、陈永生、孙先汉等人利用测井技术开展的地层压力预测研究。这一时期的测井沉积学研究初现雏形。

第二个阶段是测井地质学的多方位研究与探索阶段，其时间集中于 80 年代末至 90 年代中期。这一时期有大型攻关的成果，如一些油田开展油藏描述研究；有创新和探索的成果，如李国平等人对天然气盖层突破压力的研究、赵彦超等利用测井技术评价生油岩、刘光鼎等利用测井技术评价大洋钻探等；又有具备地方特色的应用研究，如司马立强、吴继余等利用地层倾角解释技术对川东高陡构造和复杂岩性的研究；也有跟踪国外学术进展的成果，如周远田、肖慈珣、欧阳建及薛良清、李庆谋、肖义越等翻译介绍国外最新学术成果的文章；还有纵观全局对测井地质学发展进行思考的研究成果，如丁贵明、蔡忠等提出测井地质学的相关研究方法。

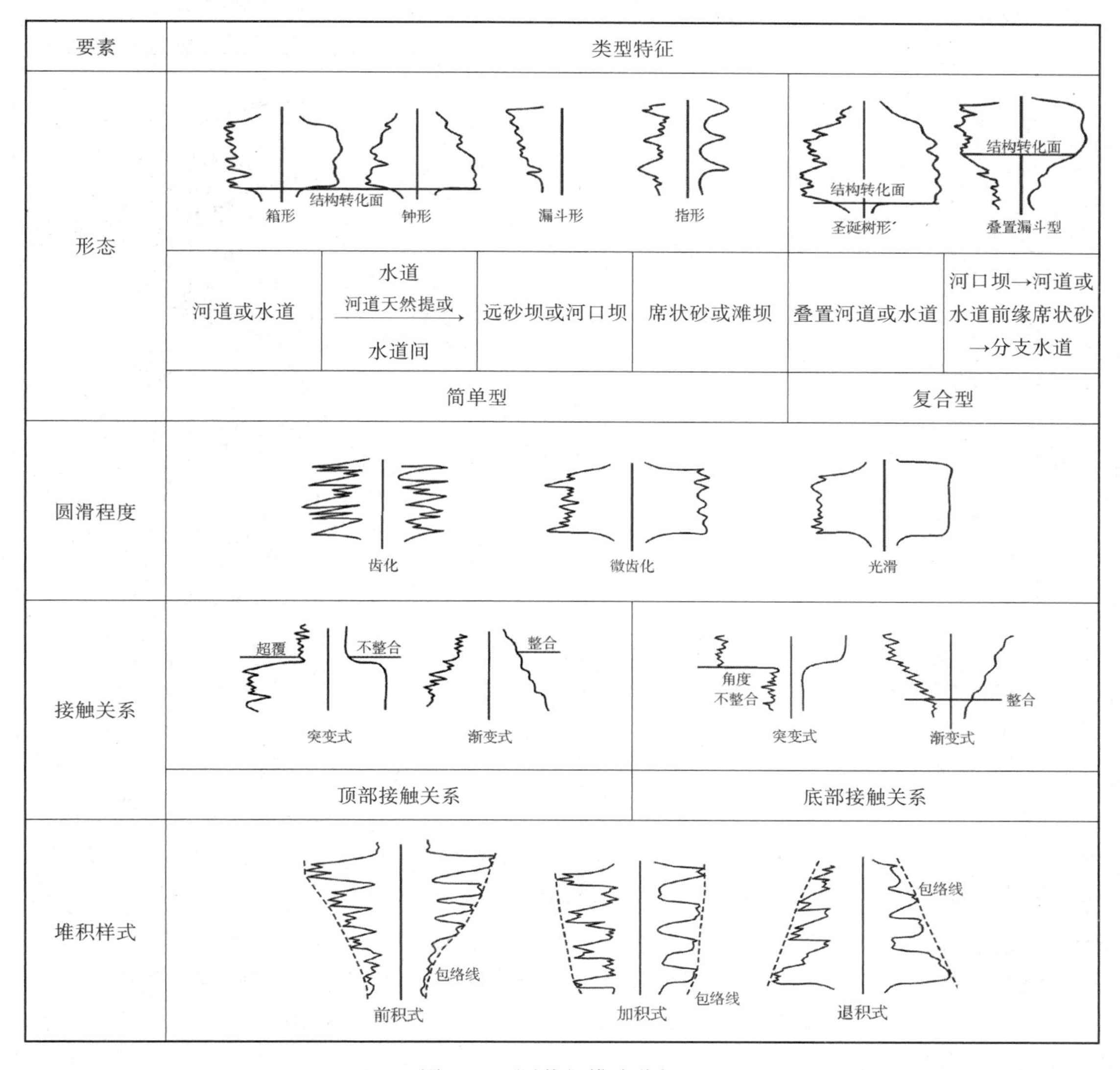

图 3-1　测井相模式分析图

图 3-3 为司马立强等利用地层倾角测井技术对川东 WQ1 井高陡构造的一次成功研究实例。该井原设计井位位于川东某构造西段西高点北西翼，其构造北西翼平缓，南东翼陡峭。该井钻至 4237m(P1q1)停止钻井，实钻与钻井设计差异极大。针对问题，用测井资料及时、有效地分析了该井井周构造形态，获得了一些重要的构造信息。测井分析准确预测了该井在构造中的位置，及时提出侧钻建议。该井的地层倾角测井资料分析结果表明：4100m 以上二叠系产状为倾角 30°、倾向 150°～170°，地层倾角随深度变大，倾向南东倾，显然该井并没钻在设计的北西缓翼上。继续钻进很难钻达目的层——石炭系，而应在上部(三叠系)地层向北西方向侧钻才能钻达石炭系。该建议被地质学家采纳，在 T1f3200m 处沿 N35°W 方向侧钻 WQ1-1 井，顺利地在 4000m 左右的构造高点处钻达目的层——石炭

系，并获高产工业气流。

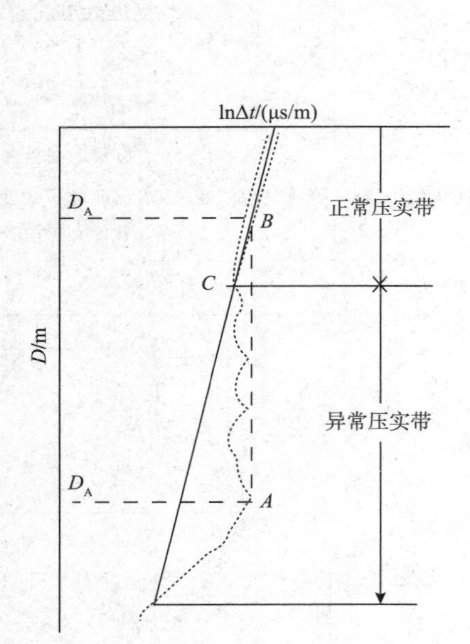

图 3－2　等效深度法分析地层压力示意图(周立宏等，2005)

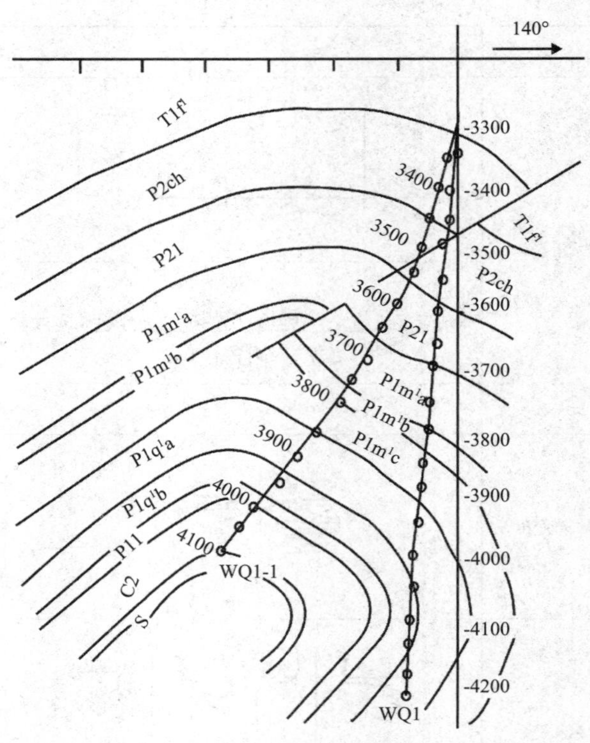

图 3－3　川东 WQ1 井井周构造剖面分析图（司马立强等，1996）

这一阶段地质学家和测井专家的一些交流与协作，曾使测井地质学出现多方面发展的喜人局面，也产生了一些重要成果，如共同翻译出版了《测井地质学在油气勘探中的应用》及《测井资料地质解释》等重要文献，共同探索了油藏描述技术等。但测井行业过于局限的地球物理思维特点，最终限制了这难得的、相互启发的学术火花，短暂的交集之后，两专业对测井地质学的应用逐步驶向不同轨道。如多数测井解释专家因不了解测井相原理和分析方法，而难以运用测井技术开展沉积相研究；地质学家因拘于测井原理的了解不足，在从事测井相研究时又难免萧规曹随、手段单一。测井与地质交流的有限性，使大量测井曲线的地质含义得不到充分解读，成为沉睡宝藏。典型的如孔隙度测井曲线已应用多年，但基于孔隙度测井信息的测井相研究至今也未能开发和有效使用，殊为可惜。

这一时期某些测井技术率先提出的测井地质方法也因专业思维所限，在本专业逐步萎缩，却被地质专业广泛应用，油藏描述技术就是一例。

油藏描述，简称 RDS 技术服务(Reservoir Description Service)，就是对油藏各种特征进行三维空间的定量描述和表征以至预测。该技术首先由斯仑贝谢公司在 70 年代提出，主要基于测井资料在油藏描述中的贡献最大，因此最早的油藏描述是以测井技术为主体的。我国在“七五”期间将油藏描述技术作为国家重点科研攻关项目，黄骅坳陷的舍女寺油田、济阳坳陷的牛庄油田、东濮坳陷的文东油田以及江汉坳陷的拖谢油田几乎同时探索了适用于我国陆相油藏特点的油藏描述研究，其中大港油田测井公司以舍女寺油田为目标区，在

国内较早地开展基于测井技术的油藏描述攻关。但90年代以后，油藏描述逐步成为以地质和地震解释为主的研究技术。

第三个阶段是不同专业各自发展测井地质学的阶段，其时间集中于90年代中期至今。这一阶段的显著特点是测井地质学的应用走向分化：一方面大量新兴测井方法的出现，开始引领测井专业尝试用测井新仪器开展测井地质研究，将测井地质学与先进测井仪器相结合是其特点，其中声电成像测井技术、元素测井技术及核磁测井技术等成为专业追逐的热点，另外部分研究机构的测井评价软件引入了测井地质分析内容；另一方面，地质专业更多侧重传统测井技术，如较为广泛开展的测井相、地层压力预测、生油岩评价及部分低电阻率油层地质成因的研究，层序地层学家也广泛应用常规测井技术开展测井层序地层学研究，并获得一些实用的研究成果。

测井地质研究切入点的模糊，极大地限制了地质学家应用测井曲线开展地质研究的能力。原因在于测井技术发展的日益多样化和专业化，进一步加剧了地质学家运用新技术从事测井地质研究的难度，在新仪器的应用方面，地质学家仅能借助测井专业，部分引用成像测井开展有限的研究。这一时期针对陆相地层的测井沉积学研究已日渐成熟，欧阳健、郭荣坤、王贵文等先后完成其整体论述测井地质学的专著。

图3-4为一测井专业应用——成像测井应用的实例。Z1井为塔中地区卡1区块的一口探井，目的层段为5364～5371m。成像测井显示：5366～5371m见有大小不等的溶蚀孔，并且见到个别高角度裂缝，而较大的孔洞呈孤立状，连通性差。5369～5371m见小绿豆状溶孔，溶孔较发育，局部有连通迹象；该储层岩心资料显示：岩性以白云岩为主，溶蚀孔洞发育，一般大小为0.3～0.5mm，基本未充填。取心见灰色油斑白云岩，含油面积15%，呈不均匀斑点状，岩心出筒时具微弱油味，岩心湿，干照为浅黄—黄色，气测全烃由0.013%上升为30.70%，C_1从0.871%上升到26.345%，气测解释为含油气层；用常规三开三关进行油气测试，日产油0.23m^3，后经酸压，日产油4.4m^3，试油结果为低产油层。分析认为，由于储层裂缝不太发育，孔洞连通性差，导致产能低。

这一案例表明，测井专业的地质分析，更多地侧重于描述储层空间及其结构，这也是迄今测井专业最为擅长的。也有一些专业人士尝试利用测井新技术分析沉积与构造，但终因专业局限，很多研究结果对地质学家的支援较为有限。以成像测井评价为例，可知其原因主要有两个：一是成像测井的比例尺太小，难免存在以微观判断宏观的不确定；二是测井数据量的巨大，在难免存在漏失有用信息判断的同时，又错误地把测量假象当成地质事件。

图3-5为济阳坳陷LUO67井声波时差—电阻率交会图与层序界面的对应关系。图中可明显看出层序Ⅰ的底界面、层序Ⅲ的底界面和顶界面处的$\Delta\lg R$（$\Delta\lg R$被定义为刻度合适的孔隙度曲线，如声波时差曲线与电阻率曲线重叠、叠加，对于富含有机质的细粒烃源岩来说，两条曲线存在幅度差。）迅速降低为0，层序Ⅱ的底界面处和顶界面处的$\Delta\lg R$虽未降为0，但也明显减小，这与该时期的湖平面下降规模小有关。层序Ⅰ、Ⅱ、Ⅲ的CS段的$\Delta\lg R$明显增大，并且在同一层序内部向上、向下逐渐减小。

这一案例与上一个案例存在巨大的思维反差。地质学家总是想利用测井曲线去寻找地质演化的证据与真相，但地质学家对测井曲线原理认知有限，终究限制了很多想法的实施。

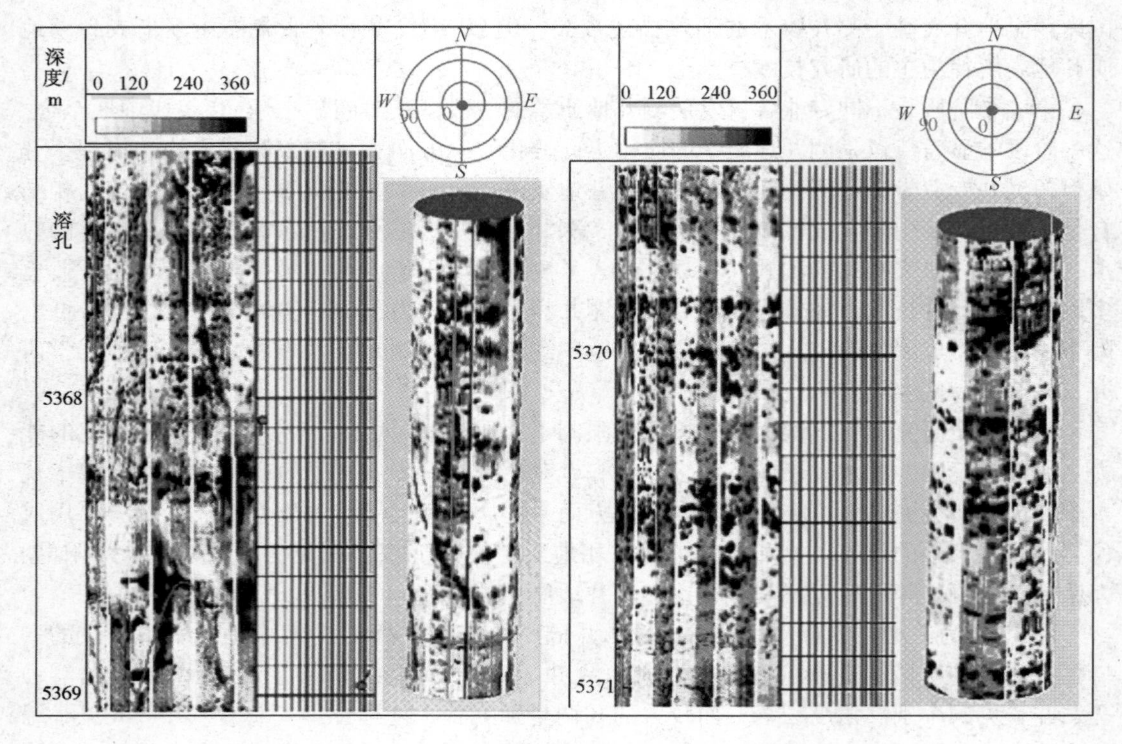

图 3-4　TZZ1 井 FMI 成像特征(卢颖忠等，2006)

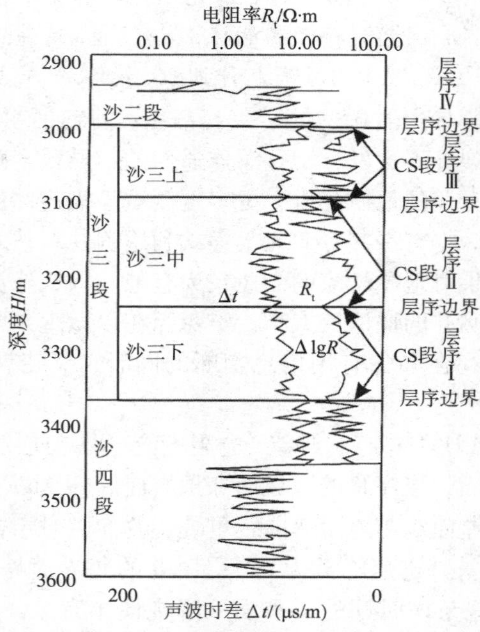

图 3-5　济阳坳陷 LUO67 井声波时差—电阻率交会图与层序界面的对应关系(操应长等，2003)

第三节　测井地质学发展中的得失反思

一、测井地质学面临困境的原因分析

根据前述的种种现象可以发现，我国测井地质学发展之所以陷入困境，原因主要有3个。

(1)专业分化问题。我国测井地质学的专业分化从一开始就泾渭分明，其中地质专业受限于测井曲线的复杂响应机理，其测井地质研究只能是不断将地质学新发现被动地与测井曲线信息套用，例如层序地层学的广泛应用，引领地质学家们利用测井曲线划分层序地层，但利用测井曲线划分的层序是否证据充分？有时候难免是“仁者见仁，智者见智”；测井专业则受限于地质理论的艰深，其测井地质研究只能是不断将测井新仪器与地质现象被动套用，例如成像测井的出现，引领测井专家利用成像特征去尝试发现地质现象，但该地质现象的发现是否全面、准确，地质理论不足的制约难免产生被动或茫然的认知。兼通测井原理与地质理论的复合型人才的缺乏，始终是测井地质学发展的硬伤。

2000年之后，测井技术的专业性与地质推理分析之间的矛盾性有着进一步扩大化的趋势，二者的学术交流明显不够多，典型的表现是这期间国内专门论述测井地质学的文章和书籍减少。很难想象，没有地质学家与测井分析学家的密切交流及分工协作，这二者能各自独立地建立起正确的地质与测井信息之间的转换分析模型。

(2)理论基础的偏差问题。遍观当前测井书籍，几乎清一色地以其测量成因当作基础。这说明绝大多数测井评价研究始于测量成因。这就出现前面两章讨论的问题——记录成因发生改变，那么用测量成因分析则困惑不已，甚至身处困境而不自知，此其一也；越是复杂的边界油气矿藏，地质学家越想获知确定性的研究证据，但常苦求无果，此其二也；越是复杂的边界油气矿藏，地震解释学家越想获知确定性的导航目标，此其三也。这些答案可能就在测井曲线的记录成因中，但绝大多数目前还无法解密。

试想，以测量成因为基础所能推导出的，无疑更多的是解读曲线表象，即某一地球物理响应可能代表某一地质现象，如利用地层倾角变化辨识角度不整合现象。该研究明显缺失地质原理与测井曲线响应的多种内因认知环节(第九章将深入讨论)，因而当研究区未测地层倾角时，测井技术对不整合的辨别常束手无策。故遵循现有方法，想利用测井曲线反推地层演化历史，则明显缺乏理论依据，在众多书籍中也缺少经典应用案例。这表明测井—地质转换的理论基础研究，才是测井地质学的核心问题。

(3)研究对象的复杂化问题。勘探开发对象的多元化和隐蔽性，使测井地质学研究的对象日益复杂。干扰因素的增多以及知识结构的局限性，常把测井专业人士带入不可知论的死胡同。

目前测井地质学正面临严峻挑战。一个突出的问题是测井地质学研究的目标和对象复杂；另一个突出的问题是国内各大石油公司的研究规划中，测井地质研究所占的比重不够大。

二、测井地质学的一些成功启示

测井相的广泛应用并最终推动测井沉积学系统化研究体系的形成，就是一个成功例证。利用测井信息研究沉积相和沉积微相，经地质学家的介入，与测井分析学家的深入交流，建立了完善的测井相—地质相的转换分析模式，从其一开始就获得了广泛的认同和推广，在石油地质研究中取得了巨大的成功。仔细分析 S. J. 皮尔森(Pirson)的文章可以发现，如果不是兼通地质原理与测井曲线形成机制，他很难建立如此准确的测井相转换模型；坚持不懈地探索测井曲线的地质成因，是提高测井地质学应用水平的另一个关键。利用测井曲线研究和预测地层压力，是测井地质学研究的另一个非常成功的例证。讨论测井地质学在我国的发展历程可以发现，广泛地开展测井技术与地质应用之间的交流，提高地质学家和测井分析学家共同探索测井曲线地质含义的兴趣，是提高测井地质学应用水平的关键。

正如郭荣坤和王贵文在他们合作完成的测井地质学专著中，对测井地质学主要探索方向的论述："更新用测井资料确定岩性、岩相、沉积环境研究的概念，将测井信息由单项指标量提高到模型化的高度(即由数量模型提高到概念模型)，建立典型模式；深入研究测井曲线的旋回特性，建立测井层序地层学分析体系，并以层序地层、旋回地层、地层模型为基础，综合测井和地震勘探资料研究，将地震高分辨率上升到测井的量级，使测井在区域研究上有更大的用武之地……"。测井地质学的深入发展，离不开测井学与地质学的相互渗透，离不开地质学家与测井分析学家的共同努力。

当前促进测井地质学研究的关键是加快测井新技术向地质学家的推广和应用、加强测井分析学家与地质学家的学术交流、各研究机构有目的地尽快建立测井技术研究的综合性课题，形成测井学者与地质学家的合力攻关机制。

第四节　测井地质学的发展思路探讨

一、思维观念的反思

不同思维模式的碰撞，常是新发现之始。"他山之石可以攻玉"就是最好的说明，可见借鉴正确、有益的思维方式，常可打开人们的思路，引发创新见解。

前面提到，目前的测井地质学以地球物理响应机理为理论基础，但利用这一基础研究识别地质事件已难以为继，重寻理论依据，才可能是测井地质学的重生之道。观念决定探索，在探索的路上，惯性作用使回到起点需要勇气，从头开始也面临风险。但看问题的视角常常决定着解决问题的思路。

怎样才能找到测井地质学研究的正确依据呢？哲学思维无疑是照路明灯。哲学方法从诞生起就分为西方哲学方法和东方哲学方法。人类从原始状态进化到文明状态，其首要变化就是在长期的生存发展中，形成了各民族不同内涵的哲学方法。事实证明，以不同哲学思想为指导，人们均可获得认知事物和解决问题的有效方法，中医与西医就是典型。

二、中西医的比较分析

文化史和医学史清楚显示，西医是西方文化特别是其近代文化体系的产物，其科学性随西方科学发展而早被广泛认同；中医是几千年传统文化的产物，其科学性因难以求证，而被西方科学质疑，但几千年的实践效果难以抹杀，近年来中医的科学性正得到广泛认同，其发展蕴含巨大的生命力。可以说，对中医科学性的认同，应该是科学史上的重大事件，它也许预示着古老的东方哲学对世界科学巨大贡献的开始。

查阅文献可以比较出中西医的差别总体表现在以下几个方面：

(1)对人与病的认知差异巨大。现代西医把人作为一个客观独立的生物实体。它以实验证据为认知，以实验结果为理论。把健康和疾病理解为形态学上表现的正常和异常状态，以标志器质性改变作为指标，其诊疗思路是“头痛医头，脚痛医脚”；传统中医把人类置于自然和社会之中，将人体生命活动的整体功能状态作为研究对象，其诊疗思路是“根据病因，对症下药”。可以说，西方人的实验室设在屋子里，而中国人的实验室是设在人体内的。

(2)思维方式差异巨大。西医重微观，中医重宏观。西医突出器质性变化，强调机器诊断，因而注重局部证据，着眼于具体器官组织的微观结构和属性分析。其思维特点是以还原论为指导思想，注重“辨病论治”；中医强调天人合一，以五脏为中心的整体观，注重“司外揣内，以表知里”。其思维特点是以整体论为指导思想，注重“辨证论治”。

(3)诊治方式差异巨大。主要有西医重局部，中医重整体；西医重结构，中医重功能；西医重物质，中医重精神；西医重共性，中医重个性；西医重治果，中医重治因；西医重外因，中医重内因；西医重治人病，中医重治病人；西医重治已病，中医重治未病；西药治病讲对抗，中药治人求平衡等。

(4)用药成分差异巨大。西医药物成分主要以生物化学合成为主，以动物实验为用药依据；中医药物成分主要以天然成分为主，以人的自身实践为用药依据，这与“天人合一”的思想吻合。

不同学者对中西医的差别理解不同，但哲学观点与思维方式的巨大不同是差异的根本。中西医治疗思路和治疗方法完全不同，但均有明显治疗效果，且各有特长。说明二者的存在自有其合理性，长期实践所证明的科学性，也表明其背后哲学思想是具有强大生命力的。

三、中西医比较的启示

中西医研究思路与治疗方法的差异，证明东西方从不同起点探索医学，各自取得巨大成就而长期互不相知。这说明科学发现有很多密境并不为人知，更何况测井。

考察中西医的差别与成就可以发现，不同的哲学，其认知世界的方式和探索世界的范围各不相同，且各显其长。西方科学讲究实证，以实验所不断证实的内容来构建当前的科学体系。但世界之大，又绝非现有科学实践所能包容，不为人知的科学现象应该更多、更广。中国哲学讲究从整体分析来构建自身的科学体系，运用事物间的联系来辩证寻找事物之间的科学性，也完全可以用于学术探索。

综上所述，以整体思维，运用联系的思路和辩证的分析手段，是探索未知世界的有效方法。

四、医学现象对测井评价的借鉴思考

测井评价是否存在尚未突破的固有观念呢？这要从源头讨论。测井曲线的成因及其研究方法是否存在起点上的认知遗漏是问题的关键。从测量成因上看，测井曲线主要来自于地球物理原理，因此只要根据地球物理实验能探知某一地质现象（如油气检测），就存在理论上解释它的可能。从记录成因上看，测井曲线的测量对象主要来自于地下地质及其演化，因此只要掌握正确的刻度与推理，也存在理论上解释它的可能。

只要承认测井曲线信息存在大量未解密码，其评价方法中就肯定有尚未突破的固有观念。以记录成因作为起点，是否可以运用整体观念和联系的思维，辩证地推演出一套全新的测井评价体系呢？这是非常有可能的。

第五节　测井地质学继续发展的条件

测井技术与地质应用的和谐发展与联合攻关，是测井地质学繁荣发展的前提条件；培养兼通地质理论与测井原理的复合型人才，是测井地质学创新的关键；运用整体观，寻找测井曲线中的隐性地质密码翻译方法，将是测井地质学突破的核心所在。反之，过分强调测井技术的地球物理思维，限制地质学的推理分析法融入测井技术研究中（建立测井信息的地质转换分析模型），必然导致测井地质学研究的固步自封、毫无活力。

测井沉积学及地层压力预测技术的成功表明测井地质分析技术得到应用，应该具备3个条件：①理论基础是否扎实可靠；②技术方法能否被地质学家和现场技术人员广泛应用；③能否开展较为准确的预测性研究。

第四章　测井地质属性的提出与论证

现代测井评价技术的复杂性表明，测井曲线仅是表象，地质才是本质，只有找到测井曲线所指代的地质本因，众多地质谜团才可迎刃而解。因此测井曲线的表象因素可被视为一密码系统，根据该表象寻找地质本因的方法，相当于解码。

人类对于地下地质的认识，总是一个由易到难的过程，测井技术同样如此。20 世纪阿尔奇公式和测井地质学的出现，对于当时的储层似乎找到了解码。然而现今评价目标的日益复杂，犹如储层信息的再加密，不仅测井评价技术遭遇新困境，测井地质学更是处境尴尬。测井曲线地质含义的求解依据是什么？不得不再次引人深思。

现代油气藏的低丰度和隐蔽性表明，能否准确破译测井曲线的地质含义，常常已是左右油气藏勘探开发的关键，测井认知细节的疏忽导致油气田勘探开发失败，已绝非个案。3 个探索值得继续坚持：①努力寻找测井曲线与其地质背景间的转化证据，论证二者间隐含的线索和密码规律；②努力寻找测井曲线地质含义的提取思路与方法，为利用测井曲线还原地质本因提供依据；③努力避免以往测井地质研究几乎方法各自独立的不利因素，用联系的思维，找到和建立测井地质研究共有的理论基础和系统研究方法。

油气勘探开发目标的复杂化预示测井地质学和测井评价技术必将迎来新的历史机遇。

第一节　地质背景不同必然导致测井响应不同

图 2－1 和图 2－2 已初步证明，火山岩地质背景差异对测井响应具有重大影响，地质内因决定不同地质条件下的测井曲线响应特征。根据这一点，就有可能利用测井曲线识别地质事件或揭示隐含的重要地质现象，为地质学家提供研究和参考的依据，为隐蔽油气层的预测提供指向。

下面以碳酸盐岩和砂泥岩为例，论证地质背景差异对测井信息的重大影响。力求证明测井信息与其地质背景之间确实存在成因关系，为进一步推演测井地质学的基础理论提供依据。

一、碳酸盐岩地质背景与测井响应的关系

碳酸盐岩的成因基础与砂泥岩及火山岩不同。成因基础的差异，造成 3 种岩性的测井响应存在巨大差别。在碳酸盐岩的成因机理中，除重力分异因素外，生物化学作用更突出，这也是利用测井曲线研究碳酸盐岩的核心依据，很多因果关系都可由此推出。其中不

同碳酸盐岩地层的成因背景之间，又存在明显区别，如海进和海退对碳酸盐岩测井响应的反差就是典型代表。

现代碳酸盐岩的成岩机理表明，海侵时期海水卷入大量陆源碎屑，因而具有混积岩特征；而海退时期由于陆源碎屑供给不足，主要形成纯碳酸盐岩的自我演化，二者反差巨大，在测井曲线上的特征泾渭分明，可作为了解碳酸盐岩测井曲线含义的一个典型案例。

图4－1和图4－2分别为伊朗Y油田K－1井上白垩系和下白垩系地层，其储层岩性虽然同为碳酸盐岩，但测井曲线的电阻率和孔隙度特征却差异巨大。推测原因，它们极可能代表完全不同的沉积背景。其中，图4－1的上白垩系储层在岩心照片中见到大量砂屑，极可能为海进期陆源物质大量进入海水，形成陆源物质与碳酸盐岩的混积，这类储层的电阻率和孔隙度测井曲线变化稳定，当裂缝因素影响小时，用阿尔奇公式计算的储层含水饱和度(S_w)，与岩心实验高度吻合；图4－2的下白垩系碳酸盐岩地层基本不含砂屑，这可能与海退因素有关，海退期的陆源供给不足，使碳酸盐岩自身的韵律构成沉积主体。该韵律使电阻率和孔隙度测井曲线呈现有序的突变，用固定参数的阿尔奇公式计算含水饱和度，与岩心实验差别较大。图4－2中可见，在4085～4090m段的非储层段计算的含油饱和度较高(S_w为低值)，这种韵律性变化大的储层很难用数学分析模型解释[图1－1(b)可佐证其测井解释参数变化复杂]。

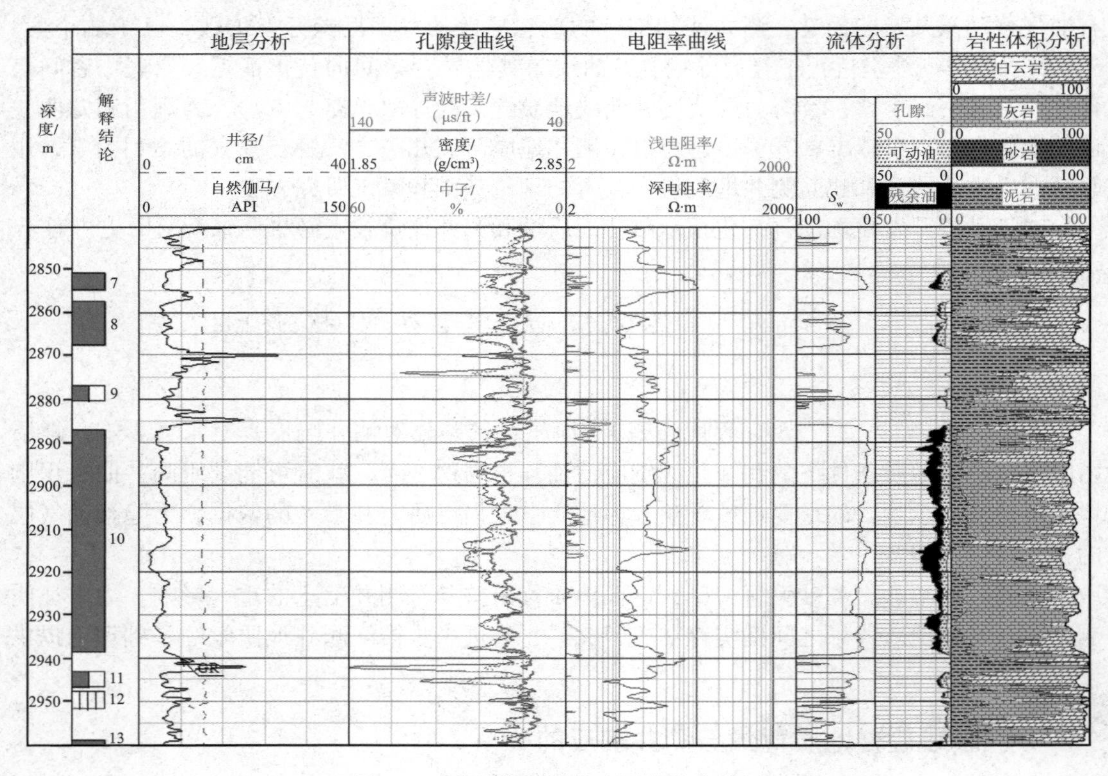

图4－1 水进期碳酸盐岩测井响应特征

图4－3为两套地层岩心照片对比分析图。其中，左图为K－1井水进期取心段岩心照片，岩心中砂屑发育，清晰可见；右图为K－1井水退期取心段岩心照片，岩心中砂屑不

发育，岩性呈显晶灰岩，岩石致密坚硬，有少量溶孔，含油程度高。

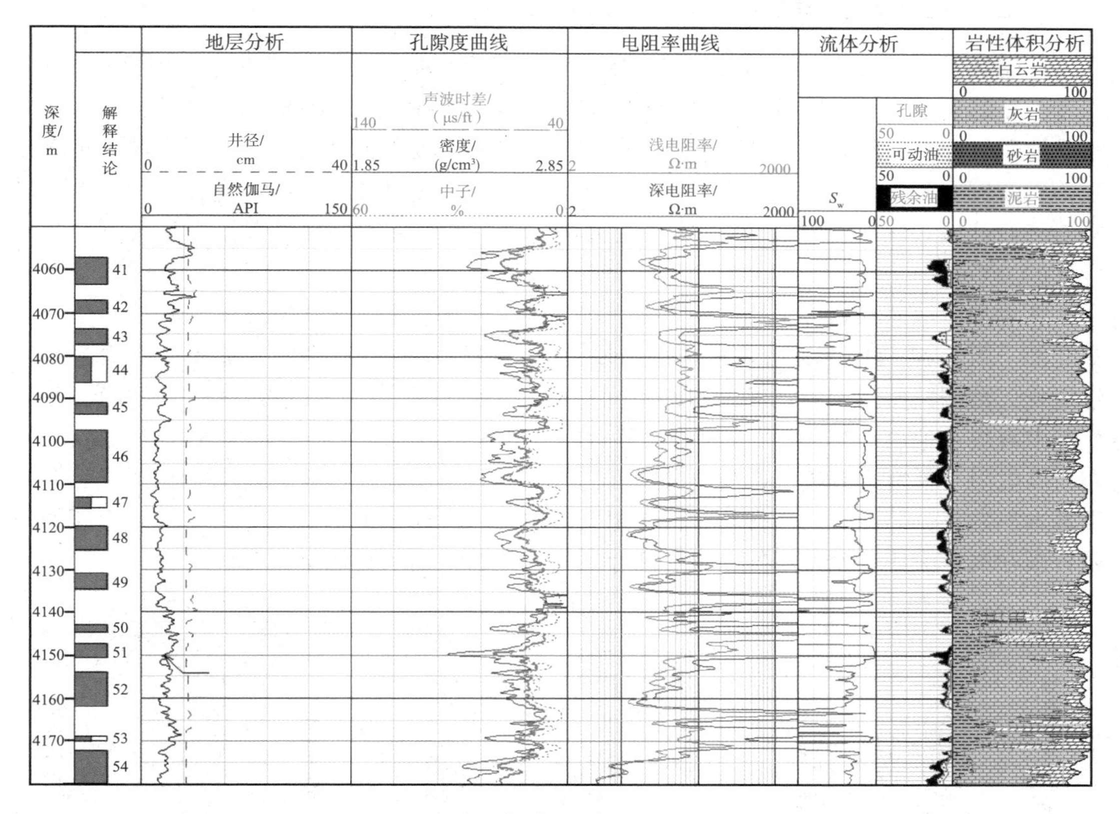

图 4－2　水退期碳酸盐岩测井响应特征

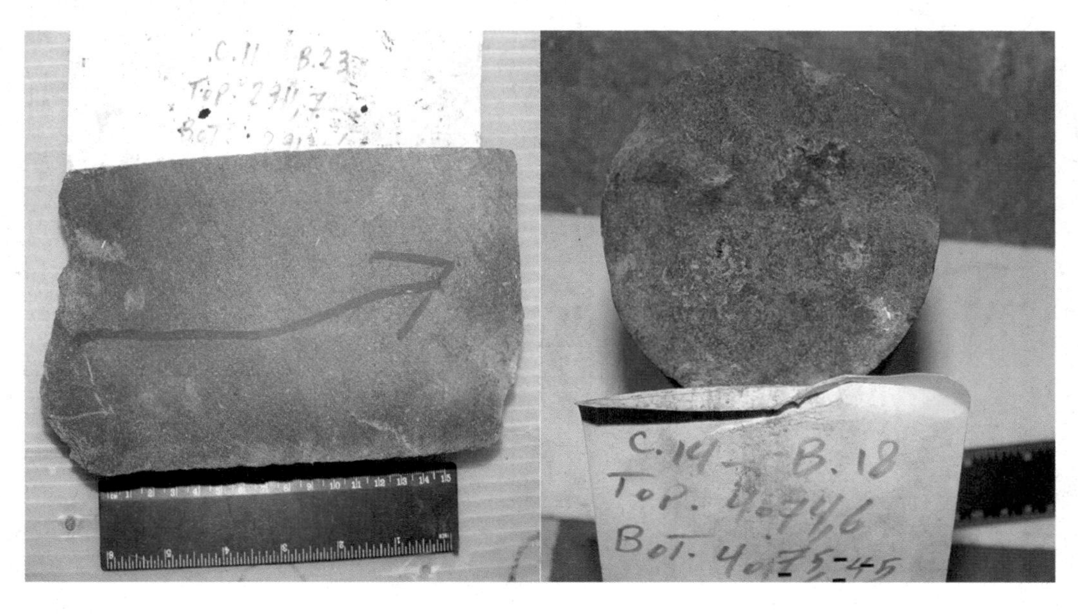

图 4－3　两套地层岩心照片对比分析图

二、砂泥岩地质背景与测井响应的关系

在砂泥岩地层的成因机理中，重力分异作用对测井曲线的影响最突出(如沉积旋回)。二者关系的识别，是利用测井曲线研究碎屑岩的核心所在，对重要地质事件及地层对比等基础地质研究意义深远。另外，压力、应力以及气候变迁等事件性问题，测井曲线也有记录，弄清其测井曲线的专属含义，对提高地质研究水平和测井评价精度意义重大。下面以鄂尔多斯盆地某气田山西组—下石盒子组为例，讨论砂泥岩地层地质背景变迁与测井曲线含义的关系。

鄂尔多斯地区在晚古生代位于华北克拉通盆地西部，研究区在鄂尔多斯断块伊陕斜坡东北部。图4－4为该气田山一段与山二段及盒一段地层测井识别图，地质变迁引起的岩性变化，被测井曲线记录，成为识别不同地层的关键依据。其中，山一段气候温暖潮湿，广泛发育煤系地层(见各井岩性剖面及其对应测井响应)，煤层所具有的高声波、高中子、相对高电阻、低密度和较低伽马测井特征清晰可见；山二段气候开始转变为相对干旱，煤层基本不发育，其泥岩的高伽马、低电阻特征与山一段煤层差别明显。可见气候变迁的地质背景在测井曲线上含义不同，煤层的存在与否成为识别两套地层的关键。

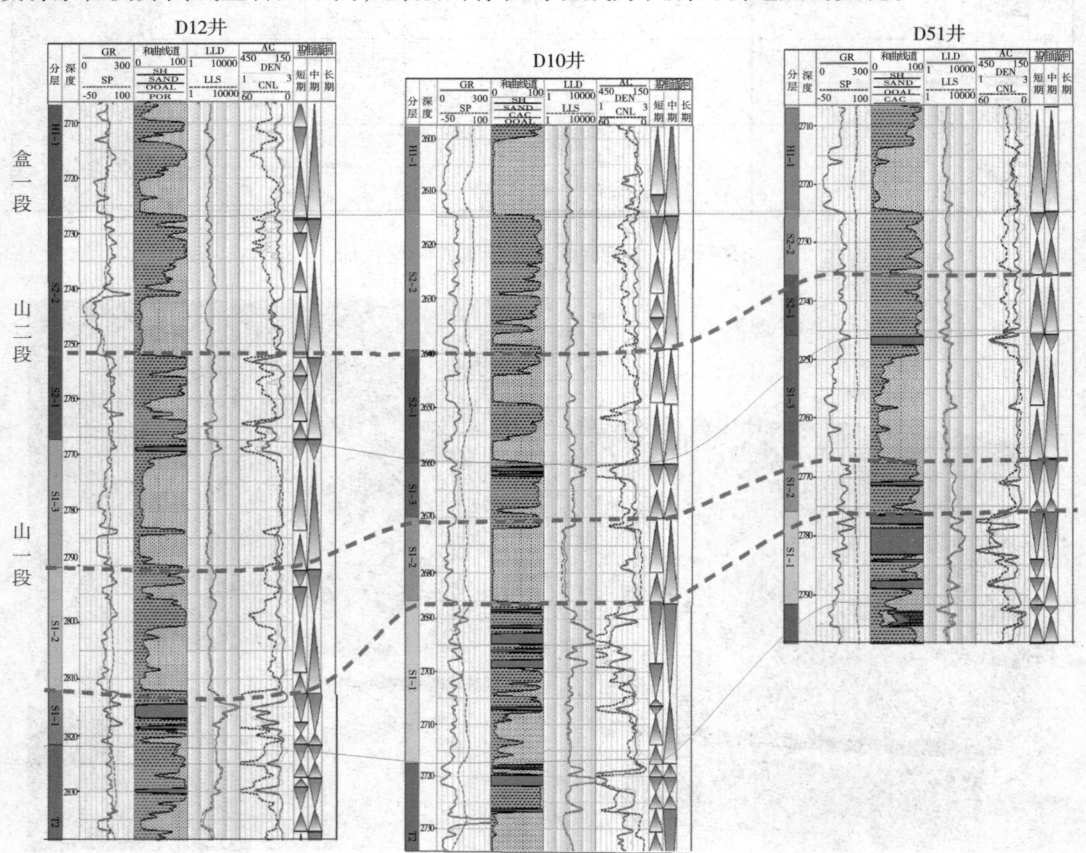

图4－4 大牛地气田山一段与山二段及盒一段地层测井识别图

当地层由山二段过渡到盒一段时，鄂尔多斯盆地周缘发生构造隆升事件，盒一段测井曲线对应出现两个突出变化：①构造隆升事件伴生的厚层粗粒沉积被测井曲线清晰记录——盒一段底广泛发育厚层砂砾岩。钻井揭示，该厚层砂砾岩广泛覆盖于山二段顶部泥岩之上，与之对应的低自然伽马厚层代表了隆升事件的地质含义，构成专属于该地质演化的测井响应组合。这与山西组内部砂砾岩与泥岩组合的局限分布有显著区别，因此成为识别标志。②构造隆升事件导致地层岩屑砂岩含量发生明显变化。盒一段砂砾岩的岩屑含量较之山二段有所增高，因此同为砂砾岩，但盒一段砂砾岩储层的电阻率值总体低于山二段砂砾岩储层，这与岩屑含量偏高关系密切。另外，相对于石英骨架，岩屑含量高常引起中子测井曲线数值偏高（见表1-2），图4-4中部分井曲线图中盒一段底部砂岩中子值（右数第二道内蓝色曲线）平均值略高于山西组砂岩地层，也是构造隆升事件的一个间接响应。可见砂泥岩地质背景的差异同样造成测井响应的变化。

上述两个案例说明，地质成因不同，测井曲线的响应含义必不相同。地质背景的变化必然引起测井曲线的对应变化，并将其专属含义记录其中，只是记录方式独特，方法不当则难以察觉，这应是测井地质研究的重要切入点之一。

第二节　测井地质属性的提出与研究目的

既然地质内因可造成测井曲线的重大变化，那么二者之间必受宏观地质限定，遵循某种反射定律，促使测井曲线信息以特定方式表达地质演化内含。因此二者之间理应存在某种成因关系，构成测井的表象与地质的本因。

一、测井地质属性的提出

前文论述已充分说明测井曲线的内含信息与其地质背景之间存在如下关系：①地质成因机理不同，则必然造成测井曲线的信息响应不同；②地质事件的变化，必然引起测井曲线信息的相应变化；③地质内因是造成测井曲线信息变化的原因之一，甚至是根本因素；④测井曲线信息的特殊变化（工程、仪器因素除外），必然能在地质学原理中找到与之相吻合的归因解释；⑤测井曲线的本质之一就是对地质背景的一种信息表达方式。这种本质遵循一定的法则，其表达具有独特性，利用一定的分析方法，可以推知测井信息与地质背景之间的内在转换关系。

因此，研究测井信息与地质背景演化的内在关系，将涉及测井曲线转换成地质背景模型的核心问题；弄清测井信息内含地质属性的识别和解释关系，是完善测井地质学基础理论的关键。

讨论测井信息的地质属性之前，首先要弄清楚测井信息的成因构成：就测井信息的形成而言，它同时具备地球物理属性和地质属性（工程属性本书暂不讨论）。前者来自测井仪器由发射、传输到接收形成的地球物理响应，不同仪器测出不同的地球物理数据结果；后者来自测井数值对储层地质背景的信息表现，不同地质背景测出不同的曲线特征。测井信息内所附着的这两种属性，是对地下真实情况的间接表达。

测井信息的这种“双重属性”（甚至是多重属性）有些类似于光波的二重性。其每一种属性均可构成一种分析方法的核心，并能衍生出一个系统的地下地质认知体系，且二者既有区别又有联系。多年来测井专业主要用地球物理属性，基于地球物理的丰富实践，已逐步形成较为系统的地球物理分析方法，解决了众多油气层识别的重大问题，但受行业知识结构所限，其地质属性的研究几乎是一片空白，以致测井地质学一直误将地球物理作为理论基础，使研究方法因缺乏系统性而难以为继，这一探索亟待开展，以期为测井地质学发展提供助推力。

测井信息对于其地质背景的表达，常具3个特点：①测井曲线的某些特殊响应常专属于某一特定地质现象。如异常高压与泥岩声波时差增大、强地应力与泥岩电阻率变高等，这是因为测井信息能准确捕捉到地质背景的事件性特征。②测井响应的变化与其地质背景的演化具有对应关系。如测井相变化与沉积相变化的对应及地层倾角变化与断层、不整合等的对应等，根据这些对应的变化可描述或还原某些地质事件，这是因为测井曲线的变化可完美地归因于某一地质原理。③除去施工因素，任何局部测井信息的特殊变化，必是宏观地质内因的某一种特征的响应。也就是说，利用局部测井曲线的特殊变化，就有可能推知或还原宏观地质背景。这是因为任何地质问题都是宏观地质作用与微观岩石结构的统一，因此宏观与微观的统一关系论证，有助于精确的地质预测。

二、测井地质属性的研究目的

开展测井信息地质属性研究的目的是希望根据一定的分析法则，弄清测井曲线的地质含义，帮助恢复和推导部分地质演化的本质特征，为地质研究提供判断佐证。其法则可试图通过正演或反演分析，以地质事件或地层界面等为认知单元，依据对岩矿成因机理、堆积方式及其形成背景等因素的反复标定或归因推导，实现测井密码信息的准确解读，建立测井信息与地质背景的转化模式，提高测井信息的应用效率和开发测井信息的预测功能。

第三节　测井地质属性的存在性论证

前面从宏观上讨论了测井曲线与地质背景的内在关系。为进一步阐明二者的内在关系，还有必要从多个层面加以论证。

属性是指事物本身所具有的性质、特点。测井曲线是否具备地质属性的关键决定于在测井曲线上能否找到表达地质内涵的性质、特点。

从测井曲线的来源看，有什么样的地球物理方法，就有什么样的测井信息响应。这表明测井曲线来自于地球物理技术与方法，具有地球物理属性；但是同样的，有什么样的地质背景，就必有与之相对应的测井曲线响应。例如与强烈应力作用相对应，必然会出现高电阻率、低声波时差和高密度值的测井响应关系；在干旱的咸水地质背景条件下，必然会出现很低的储层电阻率测量值等。

测井曲线记录了井筒中岩石的地球物理响应特征，同时也蕴含地质背景演化的变动关系。因此，利用测井曲线的地质属性及其相关分析方法，就有可能找到测井曲线与地质背

景之间的转换关系。

一、测井曲线与地质演化的对应关系

弄清楚测井与局部地质背景演化的对应关系，是利用测井技术建立测井曲线与地质背景之间的转换关系的关键所在。对于沉积相分析及地层界面的研究，可以做到利用测井分析推测其地质原貌。

(一)测井相分析证据

测井相由斯伦贝谢公司及测井分析学家 O. serra 于 1979 年提出，其目的在于利用测井资料(即数据集)来评价或解释沉积相。其分析思路主要基于测井曲线特征与沉积特征内在关系的深入研究，获得各种测井相到地质相的映射转换关系，并达到利用测井资料研究地层沉积相的目的。

以沉积水动力为线索，沉积变化反映在测井相特征的对应关系上，主要有以下几方面：

(1)沉积水动力的变迁。沉积水动力变迁决定了测井响应的连续性特征及其变化特点。其中，测井响应的连续性特征与沉积水动力条件的对应关系，表现在自然伽马测井曲线形态上分别有：①柱形曲线特征。反映沉积物供给丰富、水动力条件稳定的堆积或环境稳定的沉积。②钟形曲线特征。自然伽马测井曲线为下部低值、往上渐变高值的正粒序，反映水流能量逐渐减弱或物源供给越来越少的表现。③漏斗形曲线特征。与钟形相反，垂向上为水退的反粒序，反映水动力能量逐渐加强和物源区物质供给越来越丰富的沉积环境。④复合形曲线特征。表示由两种或两种以上的曲线形态组合，如下部为柱形，上部为钟形或漏斗形组成，表示一种水动力环境向另一种水动力环境的变化。

(2)沉积水动力的稳定性。与沉积水动力稳定性相对应的测井曲线形态变化，是测井曲线的光滑程度。它属于测井曲线形态的次一级变化，可分为光滑、微齿、齿化三级。光滑代表物源丰富、水动力作用稳定；齿化代表间歇性沉积的叠积或各种物理化学量有较大的频繁变化。

由此可知，测井曲线记录了明确的沉积含义。利用测井曲线恢复和建立沉积相演化模式，其认识出发点是以测井信息所表现的沉积物堆积方式为分析依据，以物质的变化关系为桥梁，建立测井曲线与地质背景间的转换关系。因此是利用了测井曲线的地质属性，而以地球物理属性作为认识上的出发点，则往往仅看到地球物理的测量数据变化，依靠这典型的地球物理思维，很难认识到沉积物质的变化关系，这也是为什么绝大多数测井专业人士难以从事测井相研究的原因。

图 4-5 为一利用测井相研究建立区域沉积相模型的实例，该图左面的测井信息清晰地表达出河道变迁形成的“二元结构”；右面为三角洲前缘沉积模式。

(二)地层界面的测井分析证据

不同的地层边界因为构造、沉积及物源等的较大变化，在其上下形成不同的地层结构组合。利用测井曲线识别不同的地层结构组合，是准确建立其测井—地质转换模式的关键。

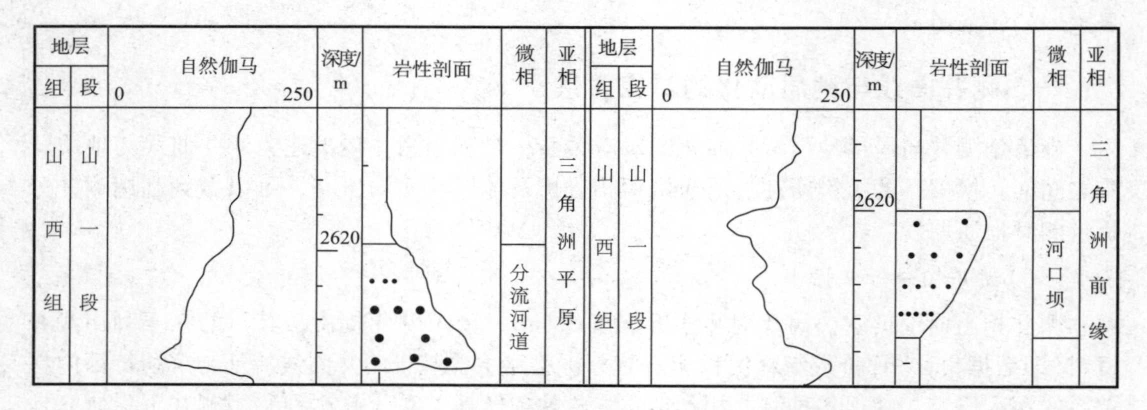

图 4－5　测井相与沉积相的响应关系及地质建模（曹忠辉，2005）

利用测井曲线识别不同地层结构组合的方法，通常运用对层序地层结构、沉积相、沉积韵律及沉积物质组成等的明显变化来确认。以地层不整合为例，不同的地层演化背景，在不整合面上下常形成各自不同的地层结构突变组合。在层序地层结构方面，不整合面之下常为高水位体系域背景的、被剥蚀的、残缺不全的反旋回沉积事件，其上部常突变为河道下切或水体突然加深事件；在沉积相和沉积旋回的认识上，不整合面之下常表现为三角洲或浅水沉积，测井相多为反旋回或被剥蚀的残余旋回，与之对应的岩性常为砂岩、白云岩以及地层剥蚀剩余的其他岩性。不整合面之上常因构造演化而表现出不同的测井相响应，深水背景的测井相可见厚层泥岩或深水浊积砂岩，浅水背景的测井相可见河道砂岩或海陆交互沉积。图 4－6 为一不整合面的测井分析模式图，其左图为反旋回浅水沉积背景下，水体快速加深超覆在不整合面之上；右图为一长期发育的不整合，河流相发育其上。可见测井曲线记录了明确的构造变动含义。

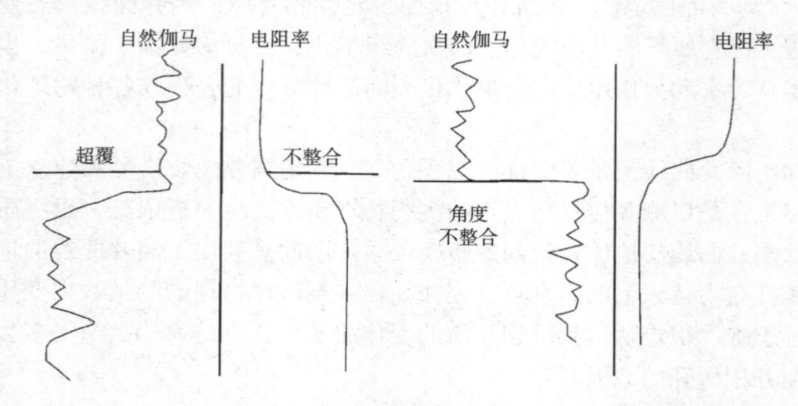

图 4－6　测井信息与地层界面建模

二、测井曲线与地质内因的专属关系

地质内因从根本上影响着测井曲线的响应特征。深刻地认识到这一点，就有可能利用测井技术识别地质事件或揭示隐含的重要地质现象，为地质学家提供证据和决策依据，为特殊油气层的预测提供指向。

(一)沉积背景造成相似物质的测井曲线差异

图4－7展示了不同沉积背景下，泥岩测井曲线的响应差异。其左图为渤海湾某油田刘官庄地区一探井，1630m为古近系与新近系之间的不整合面，不整合面上的1550～1600m为辫状河沉积背景。由左图可知，浅水背景下沉积的泥岩，由于水动力不稳定，自然伽马和电阻率测井曲线均有齿化现象，泥岩中间夹着或多或少的砂质成分，反映出浅水背景的沉积水动力扰动性；右图为中石化澳大利亚某风险区块的一口探井，图中曲线记录了深海泥岩的沉积特征，与左图比较，其自然伽马和电阻率测井曲线均有稳定平直的特点，清晰展现出泥岩的静水沉积特征。可见沉积背景塑造了测井曲线的内涵，并使之具有明确的背景专属含义。利用好这一性质，完全有可能利用测井技术还原那些被隐含的石油地质信息。

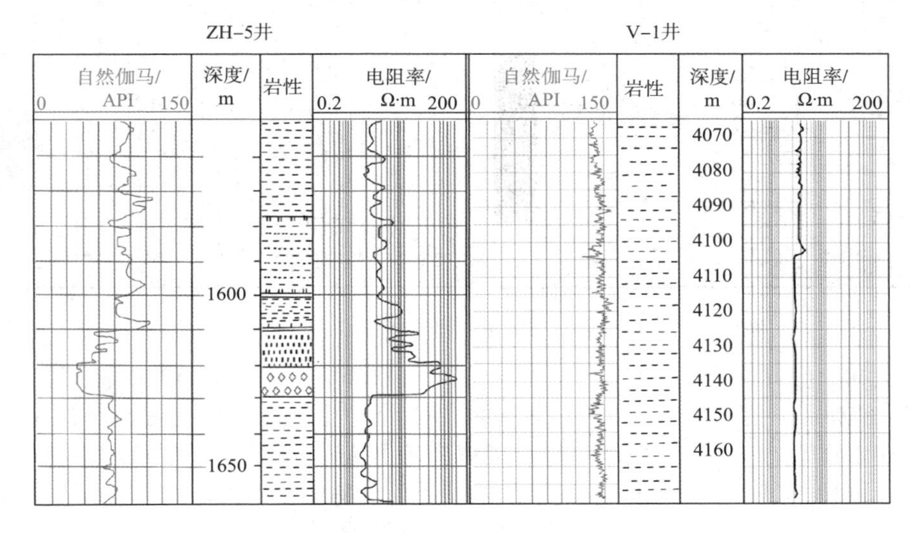

图4－7　不同沉积背景下的泥岩测井响应特征

(二)不同古气候背景造成相似储层的电阻率差异

以早古近系为例，该时期是我国重要的成油期之一，也是气候带分异明显的时期，自北向南可以分为4个气候带：北部潮湿暖温带—温带，该带包括东北大部和内蒙古自治区东北部；半潮湿半干旱亚热带，该带东起渤海湾盆地，西至准噶尔盆地；干旱亚热带，该带包括华中地区至青海和新疆南部；南部潮湿亚热带—热带，该带包括华南地区至西藏及广东、广西沿海大陆架。(胡见义，1991)

可见纬向气候带对陆相沉积物的形成有重要的影响。在潮湿带发育暗色泥岩及有机岩组合，在干旱带发育红色沉积、膏岩沉积及部分暗色沉积，在干湿交替的过渡带发育暗色、灰绿色沉积，有时含煤线和杂色沉积。

图4－8为不同气候背景下储层的测井响应特征。其左图Y6－11井为中石油西部某油田的一口井，该油田位于吐鲁番坳陷台北坳陷西端，其油层主要分布于古近系的鄯善群和白垩系的三十里大敦组，是在被破坏的古油藏之上形成的低幅度次生油藏。古近系鄯善群中上部为一套冲积泛滥平原沉积的紫红色泥岩，厚度为300～350m，下部为一套干盐湖滩砂沉积的粉砂岩、细砂岩、砂砾岩，砂层厚度40～60m。

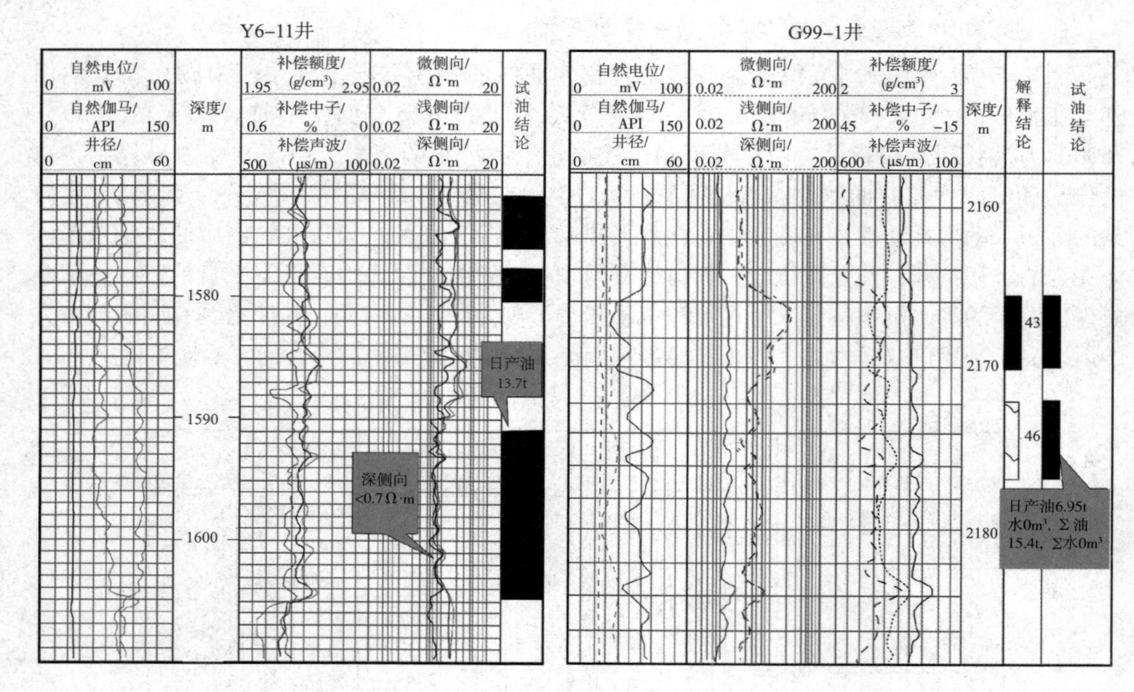

图4-8　不同气候背景下储层的测井响应特征(据中石油)

由上可知，研究区为半干旱、干旱的亚热带气候环境，该气候背景为储层高矿化度地层水的形成提供了必要的物质基础。试水资料表明，研究区地层水矿化度达到20×10^4mg/L，极高的地层水矿化度使该油田的一些油层电阻率极低，左图中油层的电阻率最低可达0.7Ω·m，这种电阻率小于2Ω·m的油层被一些学者称为绝对低电阻率油层。研究表明，这种低电阻率油层多出现在我国干旱带的气候背景条件下。

右图的G99-1井为渤海湾盆地某油田一探井，该地层为半潮湿半干旱亚热带气候背景。由自然伽马曲线可知，该井的沙一下段储层整体为一套反韵律沉积，43号层沉积水动力较强，测井曲线光滑又匀称，岩性较纯且组分较单一，电阻率测值达到12Ω·m，试油为纯油层，日产油8.48t；46号层则沉积水动力较弱，测井曲线齿化明显，表明岩石组分中，粗粒与细粒共存且按一定比例交互叠置，电阻率测值为4~5Ω·m，解释为水层，试油却为纯油层，日产油6.95t。由于气候背景条件造成地层水矿化度不高，一般小于5×10^4mg/L，这种电阻率大于2Ω·m的油层被一些学者称为相对低电阻率油层。研究表明，这种低电阻率油层多出现在我国非干旱带的气候背景条件下。图4-8从一个侧面说明，测井曲线记录了气候背景的专属含义，测井信息内部隐含着气候背景因素的特征。

(三)不同的岩石成因造成测井响应差异

岩石的成因机理不同，测井曲线特征必不同，这是它的地质专属响应。但是对于各种测量数据均接近、分析上不易区分的岩性，依照地球物理属性分析则会一筹莫展。图4-9为渤海湾盆地某油田两口井的对比分析图，1996年初，该油田意外发现了玄武岩高产油藏，该油藏虽经多年勘探开发，均被漏失，但大规模复查也面临困境：火成岩附近发育生物灰岩，二者的测量数据和埋深都非常接近，难以区分，成为油气复查的干扰因素。

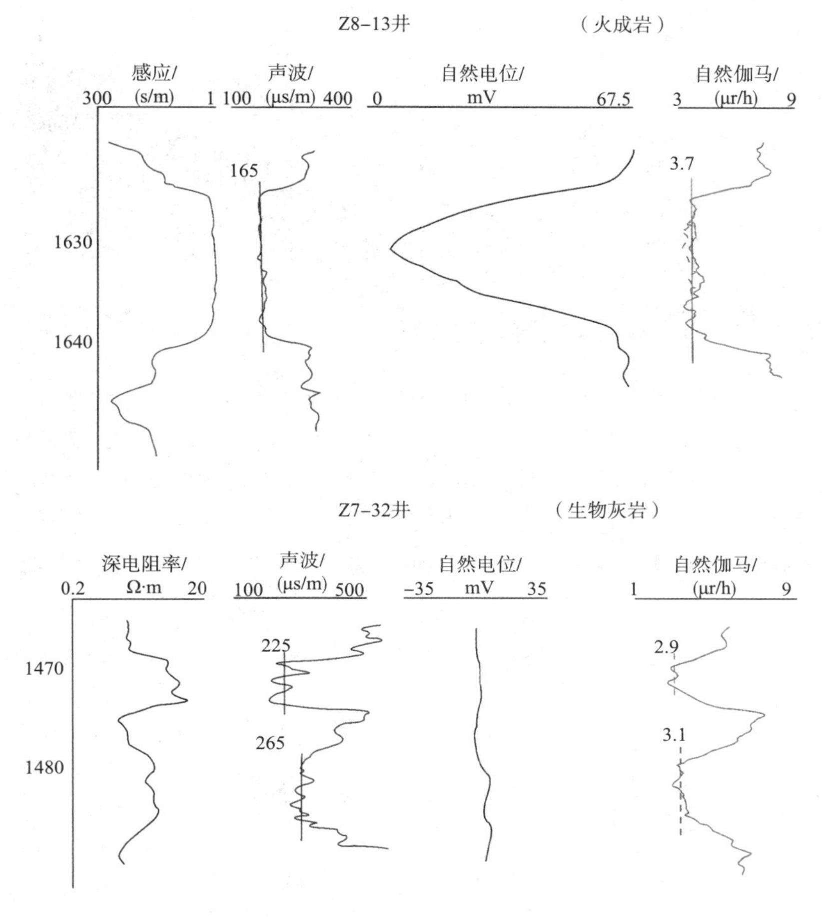

图 4－9　不同岩石成因背景下储层的测井响应特征（据中石油）

在具体的研究中，从两种岩性的定义出发，则该问题迎刃而解。如图 4－9 所示，玄武岩经高温熔融（玄武岩岩浆温度为 800℃，喷出地表氧化温度可达 1400℃），具有高度的均质性，其测井曲线光滑均匀；而生物灰岩形成于沉积背景条件下，水动力的强弱变化，造成局部岩性组成分异，其测井曲线齿化特征明显。破解测井曲线的岩性密码后，经过岩性识别、储层识别及含油性分析，很快找到一批被漏失掉的油层，其中提出的 Z8－14 井和 Z6－12 井玄武岩测试层位，经试油均获得高产，两口井投产后日产油量稳定在 50t 左右，经济效益显著，这说明测井曲线记录了岩石成因的专属含义。

（四）地应力与测井响应特征

研究表明，地应力突出地影响着声波和电阻率的响应特征。以塔里木盆地库车山前构造带为例，在其强挤压应力区，形成了各种复杂的推覆构造样式（见图 4－10）。在这些构造带中，泥岩对地应力响应灵敏，强挤压应力作用造成显著的测井曲线变化。在正常压实条件下，泥岩的声波时差和电阻率随深度呈指数变化，反映在单对数坐标图上是一条直线，这就是通常的正常趋势线。

当岩石额外地受到强挤压应力作用时，促使电阻率、声波时差偏离正常趋势线，电阻率

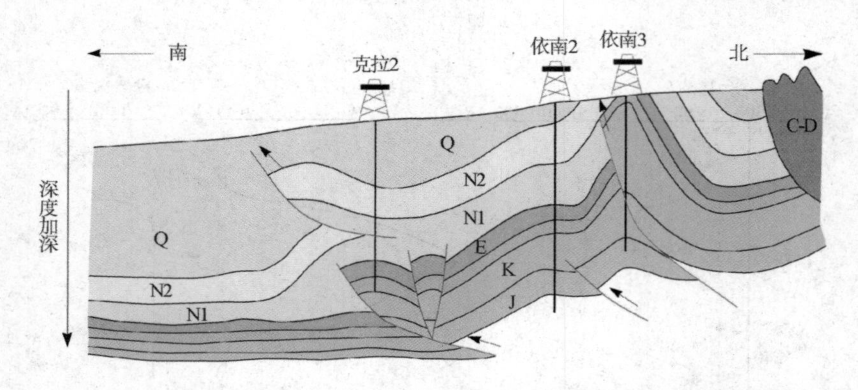

图 4－10　克拉 2 井—依南 2 井—依南 3 井构造示意图(李军等，2004)

往高阻方向偏移，声波时差往低值方向偏移(与欠压实响应相反)。显然，偏移正常趋势线幅度越大，构造挤压作用越强烈，可以把这种偏移作用称为附加构造地应力作用。克拉 2 井的 500～3100m 井段，其电阻率呈显著高值，声波时差亦偏离正常趋势线，这表明附加挤压应力强烈；3100～4000m 井段泥岩电阻率低，声波时差增大，表明挤压应力较弱(见图 4－11)。

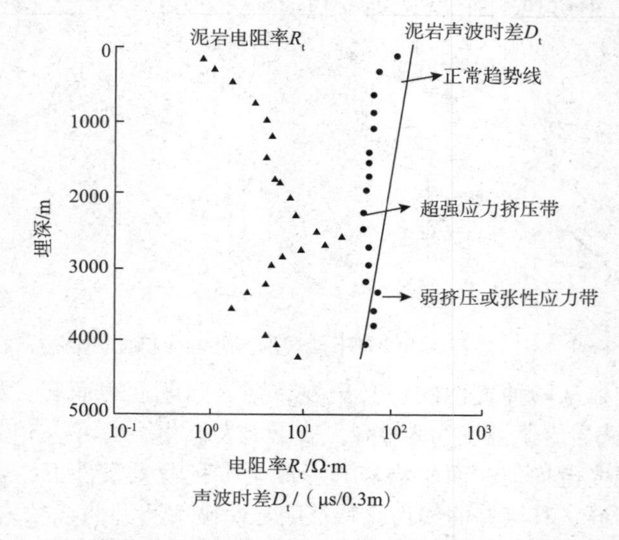

图 4－11　库车山前构造带克拉 2 井地应力响应(李军等，2004)

可以看出：在地应力集中段泥岩电阻率呈数量级变化，能灵敏地反映挤压应力存在。在库车山前构造带和吐哈盆地山前构造带，地应力造成的这种响应具有普遍性。可见测井曲线记录了应力背景的专属含义。

三、测井曲线与宏观地质的一致性

测井曲线间接表达了宏观地质背景的演化，二者具有高度的一致性。众所周知，逆断层的推覆，在测井曲线上可找到地层重复；同样，正断层的拉伸，往往在海盆或湖盆底部沉积了较厚的泥岩或深水浊积体，测井曲线同样给予了较为详实的记录，利用这种记录，可以推测断层的活动时间等地质演化信息。下面以沉积背景因素与油层电阻率的测井响应

关系为例，探讨大尺度地质背景与小尺度测井响应之间的一致性。

以渤海湾盆地一些砂岩油层电阻率特征为例，沉积水动力的强弱影响砂岩油层的电阻率特征：在形成储层的主沉积相区，沉积水动力较强且沉积物质供给相对稳定，形成的储层岩性相对单一，使其储层内部的孔渗关系比较简单，因此其油层电阻率比较高且易于识别；在形成储层的次要沉积相区，沉积水动力较弱且不稳定，形成的储层岩性成分复杂，常表现为不同成分的岩性按百分比的多少互为薄互层，与之对应的是储层内部孔渗关系变得复杂，常具有双组孔隙系统，束缚水增加，导致油层电阻率较低，不易识别。

图 4－12 为中石油 DG 油田港东开发区某断块的两口生产井，其生产层位均为东营组一段地层，属于三角洲平原河流相沉积环境。右图 2 井是试油证实的高阻油层(电阻率达到 40Ω・m)，为较强沉积水动力的分支河道微相沉积背景；左图 1 井是试油证实的低阻油层(电阻率小于 5Ω・m)，为较弱沉积水动力的河间沼泽微相沉积背景，利用这种沉积关系的差异性，曾于 1995 年在该断块找到多个低阻油层，经生产单位补孔求产后均获得证实。可见测井曲线记录了不同油层的专属含义。

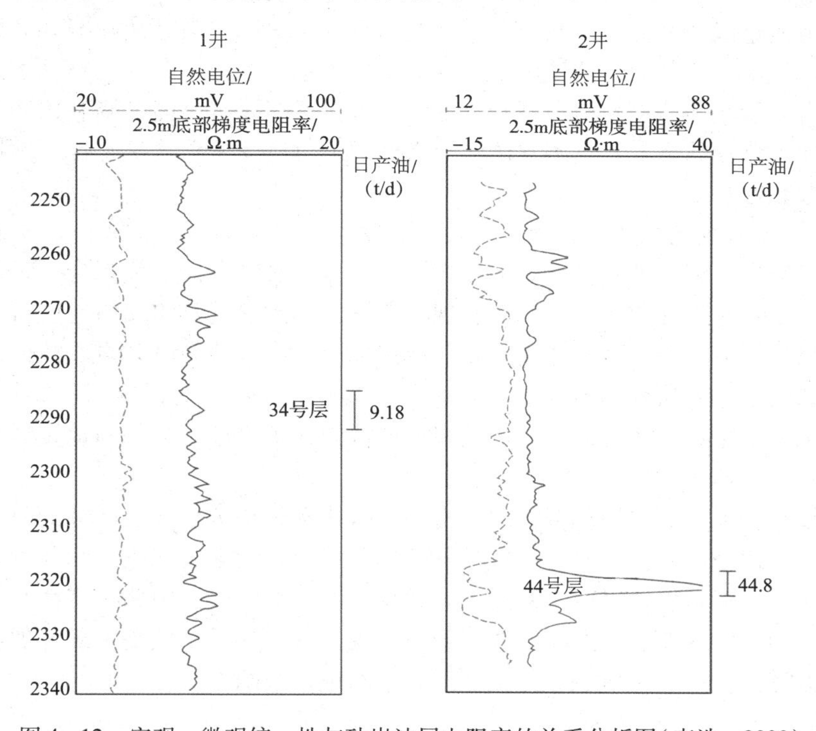

图 4－12 宏观、微观统一性与砂岩油层电阻率的关系分析图(李浩，2000)

第四节 测井地质属性的主要类型

由测井曲线地质属性存在依据的论证可看出，从应用的角度，测井曲线应存在 3 类地质属性。

(1)专属性。它是测井曲线记录地层岩性及其物质组构序列关系的特征响应。每一个记录都是唯一的、不与其他井或其他地层完全一致的，其测井响应特征在理论上总能找到记录地层独特属性的排他因素，因而是识别地层或提取地质证据的关键因素。

测井曲线的某些特殊响应常专属于某一特定地质现象或储层物质组构，如前文提到的海进与电阻率稳定的砂屑灰岩、强地应力与泥岩电阻率变高、塑性岩屑与中子值增大以及成岩作用等都专属于地层的测井响应。由于运用地球物理思维很难将测井曲线的特殊变化与地质事件联系起来，某些测井曲线的地质专属性不经推理，则难以识别。因此，利用专属性分析，有助于识别隐含的重要地质现象。对于重要的地质事件，测井曲线上往往留有特殊响应，这是解读测井密码和识别测井曲线地质含义的另一关键。

这种专属现象常具有排他性，它是唯一可识别的、记录地质演化特殊性的测井信息响应。这一性质应是测井地质学的理论基础之一。

(2)对应性。即测井信息与地质背景的演化具有对应关系。在测井曲线中，如实地记录着储层地质的种种信息与变化，诸如构造变化、沉积能量变化、岩性变化、油水运移关系、地层压力信息以及岩性的一些组分、结构信息等。地质变动必然在测井曲线上留有或多或少的相关记录，测井曲线的地层记录变化受控于地质规律的突变，与基本地质理论完全一致。只有弄清测井信息与地质背景突变的对应关系，才有可能准确利用测井曲线复原地质原貌。地质背景的突变，在测井曲线上必然留下对应的变化含义，这一性质应是测井地质学的另一理论基础。

(3)统一性。任何地质现象都是宏观地质作用与微观岩石结构的统一，宏观与微观的统一性是精确地质预测的基础。宏观地质作用是地下地质的主体，微观岩石结构受控于宏观地质作用，也是宏观地质作用的具体表现。在恢复和建立测井曲线与地质背景的转换关系过程中，只有弄清了宏观地质作用，才能依据地质学原理预测微观岩石结构的存在性和存在位置。在石油地质研究和石油工程决策中，又有许多内容与微观岩石结构密不可分，只有弄清微观岩石结构，才有助于验证宏观地质认知的正确性，为石油地质研究和石油工程决策提供可靠依据。

测井曲线蕴含地质历史演化进程中的密码，这些密码是破解地质问题的重要证据，如何破译测井曲线记录的地质密码，一直是测井地质学理论的核心问题。测井学者与地质学家的深入合作，无疑是破译这些密码的唯一途径，测井地质属性中的对应性和专属性是探寻测井地质学理论的重要切入点，测井信息中宏观与微观的统一性是正确开展测井地质学研究的重要方法论，这一性质也应是测井地质学的理论基础之一。

第五节　测井地质属性研究的障碍与难点

测井地质学的核心问题是寻找测井曲线与地质背景之间的准确翻译方法。前文提到测井地质学继续发展的3个条件，以上述3个条件衡量测井地质学发展面临的困难与机遇，具体表现在3个方面：①测井地质学的基础理论不完备。现有理论以地球物理方法为主要依据，但以成因分析为核心的地质学方法并没有占据主导地位，因此现有理论难以从多方

面准确表达测井曲线与地质背景的翻译关系。②一些成熟技术仍被地质学家使用并发挥重要作用(如沉积相分析、压力预测及烃源岩识别等)。可见只要研究依据可靠，一些测井地质学分析方法仍被地质学家广泛接受，但这些方法之间的关系，缺少理论解释。③随着油气勘探开发目标的复杂化及地震解释技术的局限性，人们对测井技术的需求日益强烈。地质、开发、地震解释及工程应用等都希望通过测井信息高精度数据的应用节约成本和降低风险。

由上可知，测井地质学发展困难的原因在于基础理论不完备，其发展机遇在于其他专业对高精度证据的需求。面对复杂勘探开发目标，重建测井曲线与地质背景转换关系的理论基础，无疑是抓住机遇的关键。因此，只有找到二者的准确翻译方法，测井地质学才能获得巨大活力和发展动力。

一、测井地质学发展的主要障碍及突破方向

(一)测井地质学发展的主要障碍

建立完备的测井地质学基础理论主要存在3个方面障碍。

(1)多专业的交流问题。测井地质学发展的根本在于弄清测井曲线的地质含义，这需要实事求是的专业沟通和打破专业壁垒。测井技术成果的最终使用者是地质学家或工程专家，但专业思维与工作方法等的巨大差异，导致多专业交流的深度和广度极其有限，一个原因是测井技术的日益专业化，增加了交流的难度；另一个原因是缺少多专业联合论证，使测井曲线的一些拓展成了无根之水，比如测井地质解释理论、测井工程应用理论及测井与地震的综合解释理论等，没有了依托，自然发展动力不足。目前测井技术研究者的知识结构有待调整，如培养兼通测井评价和地质学理论的复合人才，很有必要。

(2)方法论的认知问题。测井地质研究的终极目标应该是建立正确的测井信息与地质背景转化模式。但是如何建立系统的分析方法还缺少依据，如何检验测井地质研究的正确性，手段还不够多。如何建立地质大尺度认识与测井小尺度证据的完美统一研究，还将是一个很漫长的过程。

(3)研究内容的局限性问题。近年来，测井地质学研究多局限于成像和地层倾角等测井资料，其原因在于上述资料能提供部分可明显识别的地质演化结构特征，这些特征的识别可称为显性测井地质认识。研究表明，显性测井地质信息存在认知的制约问题，其原因在于成像和地层倾角测井资料信息量太大，分析尺度比较小(其常用比例尺为1∶10)，如果缺少宏观地质指导，很容易造成漏失信息或错误判断。

事实上，绝大部分地质事件是被测井曲线以隐性方式或密码记录，即使成像和地层倾角测井资料也蕴含不易被人识别的地质内容，这些隐性记录方式的研究可称为隐性测井地质认识。如何在理论上探索从显性测井地质认识向隐性测井地质认识发展，将成为测井地质学发展的关键。

(二)测井地质学发展的技术突破方向

上述分析表明，隐性测井地质信息的识别与研究，应是测井地质学发展的突破方向。相对于显性测井地质信息，隐性测井地质信息可理解为测井曲线记录的地质信息具有隐蔽

性，不经破译难以识别，其破译手段绝大多数仍在探索中，现今只有少数这类信息得以破译(如沉积相研究等)。系统探索该破译技术的意义重大，它的突破将有助于复杂地层的高精度勘探与评价。

二、隐性测井地质信息研究的理论依据

(一)测井地质信息识别的方法讨论

尹寿鹏和王贵文合作撰写的《测井沉积学研究综述》一文对测井沉积学的研究方法进行了论述："就测井资料而言，它是研究地质情况的间接资料，而沉积学是把这些资料转变为各种地质模型、模式，然后利用这些模型、模式去解释地下地质情况，即包括正演和反演两个方面。正演问题是把自然界各种需要研究的地质现象建立相应的地质模型、模式，这种模型、模式可分为两大类，即数理模型和几何模型，数理模型定量描述地下地质现象，而几何模型定性描述地质现象；反演问题是用有关的各种测井参数和曲线形态与各种不同的地质模型、模式建立关系，以便正确反映地下地质现象。反演问题包括两个因素，一个因素是客观因素，即测井资料的准确性，同时要引进与测井沉积学有关的新测井技术；另一个因素为主观因素，即在推论和提出假设的过程中加入人的思想，这也是反演问题的关键，应综合利用人的智能分析和专家知识"。

上述描述论述了测井地质学研究的主要方法。但是，以什么样的核心理论去应用和建立测井地质学研究的正演及反演方法，目前测井行业从测井信息的地球物理性质方面探讨较多，其方法主要以寻找明显记录地质现象的地球物理测井响应特征为基础。以地质原理为基础，探索测井信息与其地质背景之间的隐性相关关系的论述则较少，近年来专门论述测井地质学的文章及著作不多，应该与这方面的研究不足有关。

通过对测井信息地质属性的系统论证已基本表明，弄清楚测井曲线的地质属性及其含义，是寻找和建立测井地质学核心理论的要点。

(二)隐性测井地质信息研究的理论依据

对测井曲线不同属性的认识，涉及技术的发展走向，是学术的重大问题。应用其地球物理属性，可有效开展储层的测井评价工作；应用其地质属性，有助于高效的地质研究与论证，可为地质研究提供关键证据、为地震解释提供追踪线索，也有助于复杂储层的流体类型识别研究。

由于测井信息是以类似于密码的方式记录地下地质及其演化，因此，测井地质学研究的难点在于测井记录的绝大部分地质信息具有隐蔽性。如何提取这些密码信息，需要深入研究测井曲线的各种地质属性及相关成因解释。根据测井信息与地质演化的内在关系，可以找到一些研究的切入点。

讨论测井曲线与其地质背景演化的成因机理可发现，二者存在3个必然关系：①地质演化的物质结果被测井曲线连续记录。利用这一线索，可以推测地质演化的一些规律，有助于找到恢复原始地质演化模型的物质证据。②地质演化的特征与测井曲线的异常变化常有对应关系和成因关系。利用这一线索，有助于识别和复原重要地质事件，推测其对地质演化的重大影响。通过深入研究甚至可找到专属于该地质事件的排他性测井响应。③地质

演化的特征与测井曲线的异常变化，在横向上总能找到同一地质成因的解释关系。利用这一线索，可以追踪重要地质事件在横向上的变化规律，这不仅可最大限度地解决测井技术横向研究能力的不足，而且还可以为地质学家提供很多研究和预测的关键佐证。如碳酸盐岩“同期异相”的地层对比至今仍是困扰地质学家的难题，如果能够科学地利用好这个线索，完全可以彻底地解决上述问题。

根据上述3个关系，我们可以推演出测井地质学研究的3个可能的有效方法：①基于事件辨识的岩心刻度测井分析方法——利用地质事件的准确刻度，获取测井—地质间的转换分析法则；②基于地质规律有序演化的测井异常响应归因分析技术，地质演化或同成因地层因其背景与条件的特殊性，一定具有排他性标志，通过深入研究，亦可推知测井与地质间的转换分析法则；③基于地质大事件与测井微观响应同质同源的辩证推理技术，根据宏观决定微观，微观是宏观的具体反映原则，亦可推知测井与地质间的转换分析法则。

第五章　基于地质刻度的测井地质属性研究

地质演化的本质就是不同事件按某种序列组成的地质历史，其中地质事件是构成地质演化的基本单元。研究测井曲线的地质含义，从狭义上看，其目的是为寻找油气提供分析和预测依据，从广义上看，就是要尝试复原地质历史的部分片段。自本章至第九章，本书将尝试运用地质刻度、归因分析及成因关系等分析思路，讨论测井地质属性的识别手段和分析方法。其中，本章将讨论以地质刻度等实证研究为基础的认知方法，通过解读岩心及地质界面等地质事件记录，找到测井曲线的刻度依据，达到利用测井曲线破译地质密码、识别地质含义的目的。

第一节　研究思路

辨别测井曲线内涵的地质密码是开展测井地质研究的基础。两个针对测井曲线的刻度研究是其重要手段之一：①探索利用连续岩心可实证的地质事件（或野外露头）刻度测井曲线响应，达到利用测井曲线辨认地质事件的目的；②探索利用地质界面及其变化规律刻度测井曲线响应，达到解读测井曲线地质含义的目的。另外，地质、测井以及地震数据等多个尺度、多套认知体系的相互检验及辩证分析，也是实现该分析方法的重要手段。这两个探索都是基于地质刻度、测井与地质等多认知体系相互验证的分析方法。

第二节　基于岩心刻度的测井地质属性研究

岩心刻度测井技术早已有之。通常意义的“岩心刻度”测井技术是指应用数理统计的方法建立测井曲线与岩心分析资料之间的关系，然后应用这些关系进行定量解释和计算处理，为孔隙度、渗透率及饱和度等参数建模提供依据。目前这类方法已用于油田储量计算、测井定量解释研究等方面。查阅已有测井专业文献，该技术的应用多为此类。

利用岩心观察刻度并论证测井曲线的地质含义，在岩心刻度测井应用中罕有报道，这很可能就是测井地质研究长久缺失的关键环节。近年来，有学者利用岩心刻度成像测井尝试解读其地质含义，但该研究方法仍然具有两个方面问题：①研究重现象、轻本质。其推理多为岩心现象与成像的相似比对，缺少地质本因与成像图片之间的论证分析，对测井信息中隐含的、需推理的内容更容易被忽视。②成像测井因研究尺度比较小，研究中也极易漏失对地质事件的辨识。这些因素表明，理论指导的缺失易使人缺乏对岩心地质内涵与测井曲线地质内涵的探索，因此测井曲线地质含义的识别，一直困扰着测井地质学的研究。

基于地质学原理，根据岩心的地质事件识别刻度测井曲线，有助于解开多种地质事件在测井曲线上的密码特征。下面试举几例，加以论证。

一、利用“岩心刻度”技术识别地质事件

地质事件产生的最大特点就是突变性，它具有多种研究意义：有些有等时意义，如与气候事件有关的风暴岩，对它的辨识有重要的地层对比价值，可能有助于解开复杂地区的地层对比难题；有些有指相意义，如与河流作用有关的冲刷面，对它的辨识具有重要的指相作用；有些有地层识别意义，如相似沉积条件下，沉积水动力条件差异的测井识别，对它们的辨识具有区分不同地层的作用等等。

(一)风暴岩的岩心刻度识别研究

风暴事件属于瞬时地质事件。瞬时地质事件的突变具有多种表现形式，但其核心内容是物质的突变。抓住这一点，即掌握了岩心刻度测井曲线的核心内容。

风暴作用作为突发气候现象，往往快速形成薄厚不一的特殊沉积地层。早期风暴作用侵蚀下伏沉积，形成有冲蚀和侵蚀坑的基底面充填构造。同时还可挖掘出浅埋藏物质，尤其生物体使底部物质混合，形成混杂的生物组合。底部大的和重的个体生物在风暴作用中还可聚集成滞留层。组成的岩层有几毫米到几厘米，或达十多米厚，常呈透镜状、口袋状，多位于侵蚀硬底上。岩心观察表现为薄层，常难以识别，因此在测井曲线中常被忽视。但泥岩中的风暴岩因风暴卷起的泥砾具有与一般泥岩完全不同的特征，该物质的突变，导致在测井曲线上可见泥岩中夹薄层电阻率尖峰，从而成为辨识风暴岩的重要依据。

图5-1为大牛地气田大17井下石盒子组观察到的风暴岩照片，该图中可见大小不一的泥砾混杂堆积。与其深度相对应的自然伽马值为89.6API(见图5-2)，属于较典型的泥岩特征，但电阻率值却大于70Ω·m，与泥岩特征不符，显然为风暴岩中泥砾测井响应特征。

图5-1　大牛地气田大17井风暴岩岩心识别

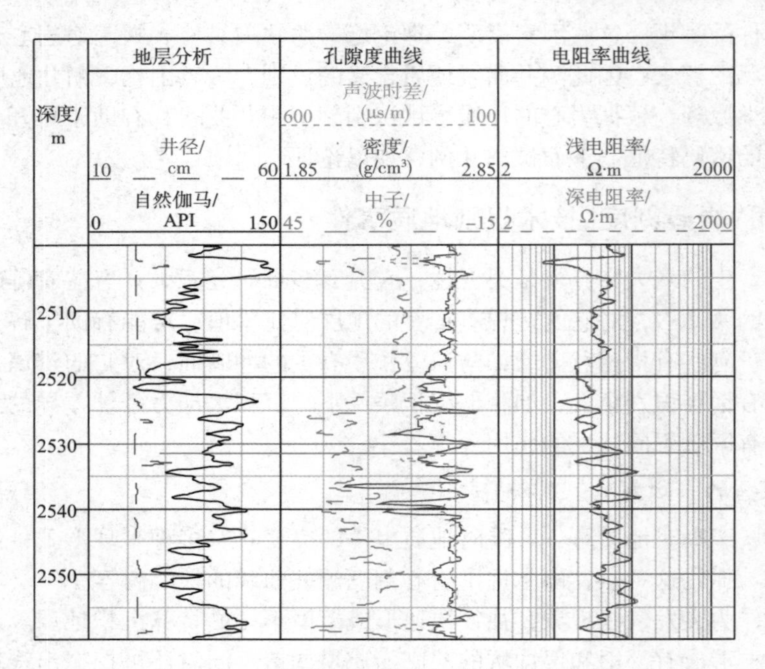

图5-2　大牛地气田某井风暴岩的测井辨识

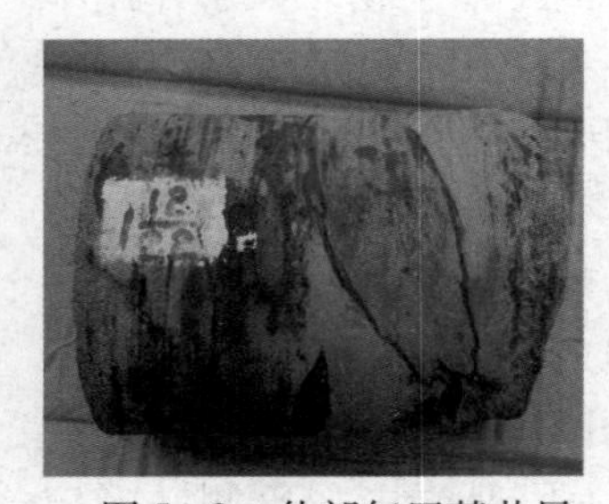

图5-3　什邡气田某井风暴岩岩心识别

相似特征在其他油气田的岩心观察中也多次见到。如川西地区须家河组至蓬莱镇组地层均为湖泊—三角洲环境，与大牛地气田下石盒子组气候背景较为干旱不同，后者为温暖潮湿的气候，岩心观察也多次见到风暴岩沉积，如什邡气田某井井深1150.8m处岩心中发现风暴卷起的大块泥砾(见图5-3)。根据岩心刻度分析，泥岩自然伽马呈现高值，对应薄层电阻率尖峰(见图5-4)，显然也与风暴岩有关。

(二)冲刷面的岩心刻度识别研究

冲刷面在突发沉积作用中，往往表现为物质突变面，测井曲线上为一清晰的沉积界面。图5-5为大牛地气田D17井观察到的沉积冲刷面的岩心与测井地质刻度，冲刷面下部为泥岩沉积，向上见大量岩屑和一些泥砾，自然伽马测井曲线准确记录了冲刷面的物质突变及河道迁移的物质渐变过程，该冲刷面的识别对于河流沉积具有清晰的辨识作用。

二、利用“岩心刻度”技术区分相似地质事件

相似地质事件外形与结构类似而难以区分，即使测井信息具有高精度功能，但准确辨识相似地质事件的差别，对于储层研究以及预测意义重大。“岩心刻度”测井技术是区分相似地质事件的重要手段，水上与水下河道沉积的辨识可作为典型案例。

水上与水下河道沉积辨识的关键在于湖水或海水是否对河道砂施加影响。图5-6中1425~1432m顶底均见冲刷面，不同之处在于底部冲刷面为砂岩覆盖于泥岩之上，与河道

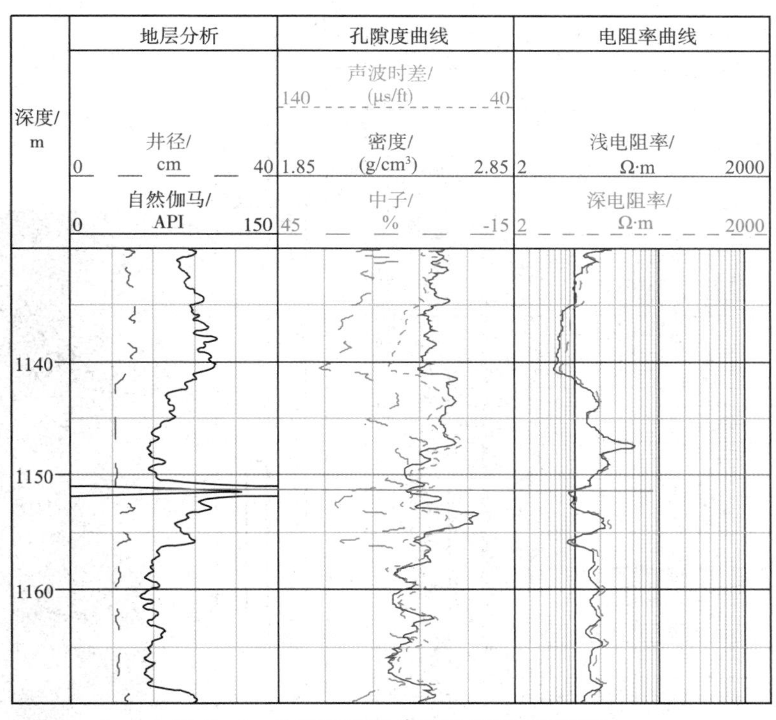

图 5－4　什邡气田某井风暴岩测井识别图

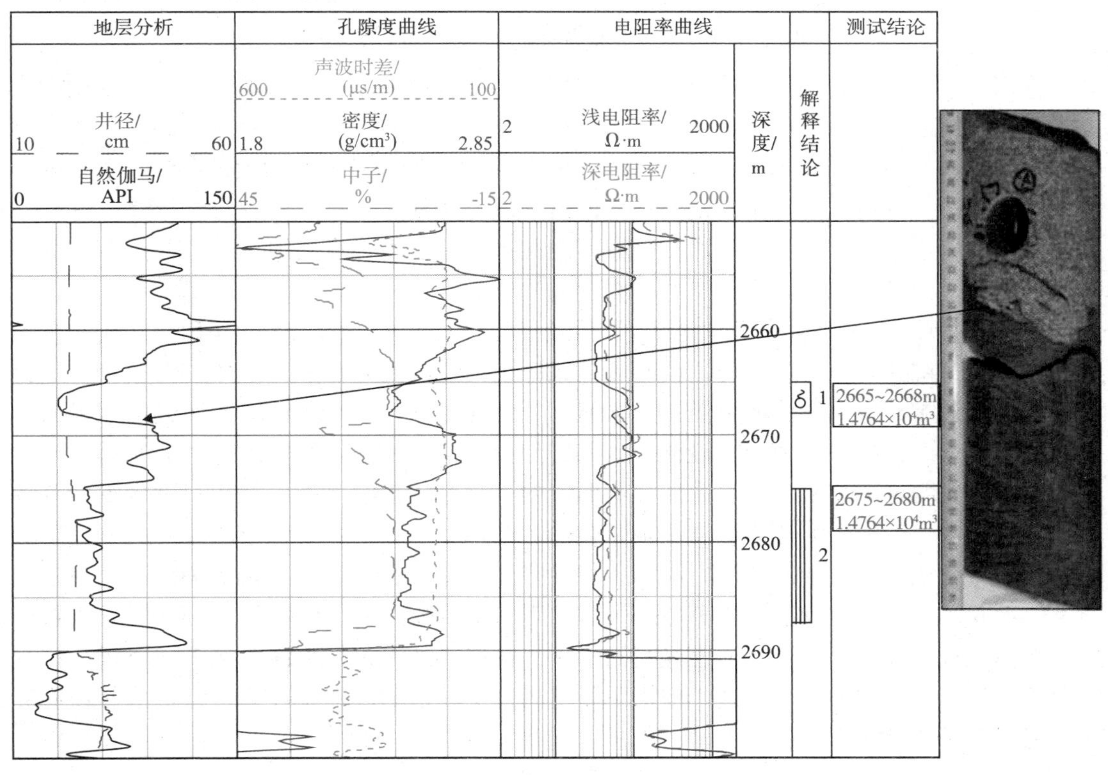

图 5－5　大牛地气田 D17 井河道冲刷面的测井辨识

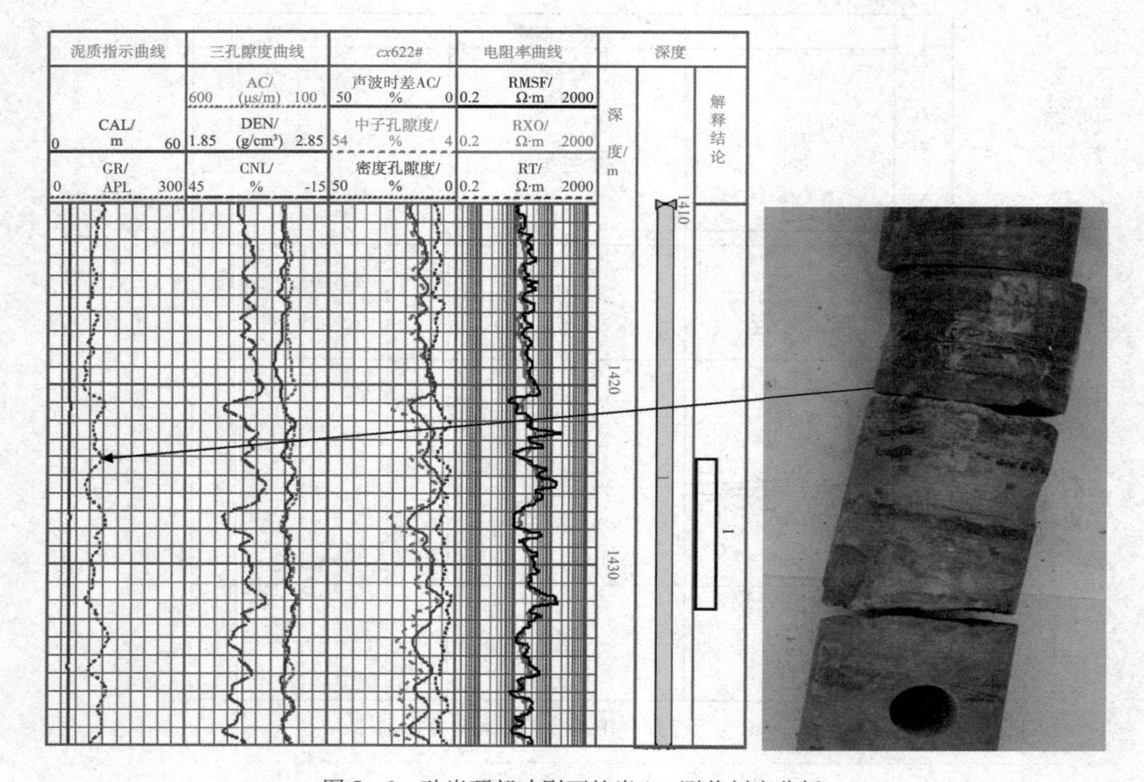

图5－6　砂岩顶部冲刷面的岩心—测井刻度分析

底部沉积类似；顶部冲刷面为泥岩覆盖于砂岩之上，可能为湖水改造所致。底部冲刷面之上为一套正旋回水进沉积，向上至1427m处岩心观察，砂岩具反旋回特征，推测该段发育小型沿岸砂坝。但由于湖水的改造，在该砂体顶部的1425m处见到清晰的泥岩覆盖于砂岩之上的冲刷面，分析认为这是湖水对反旋回砂坝改造所致。

认识到湖水或海水与河道砂之间具有作用关系，可以进一步利用"岩心刻度"测井分析技术推断水上河道与水下河道在测井曲线上的响应差别。

图5－7中，左图为渤海湾盆地某区馆陶组河道的测井特征，该井1610～1630m为典型的水上河道测井响应；右图为川西某区蓬莱镇组河道的测井特征，该井1496～1507m为水下河道测井响应。比较分析可见二者区别：①水上河道二元结构清晰（河道与河漫滩发育完整，自下而上河道向河漫滩迁移），河道迁移的正旋回特征明显；而水下河道的迁移特征短而不太明显。②水上河道底部冲刷面清晰，且为较粗的底砾岩沉积；而水下河道冲刷面常弱于水上河道，河道底部岩性也常较前者细。

根据二者成因条件推断认为，沉积条件的差异是造成测井响应差别的关键。①河道摆动条件不同，水上河道摆动条件充分，所以迁移特征清晰；水下河道摆动条件弱于前者，故迁移特征短而不太明显。②河道经受的冲刷、改造等外因条件不同。水上河道很少遭受外因条件对河道砂的冲刷与改造，但水下河道因遭受湖水的改造、冲刷，常造成其顶底界面的变形，因此有时河道特征不易识别。

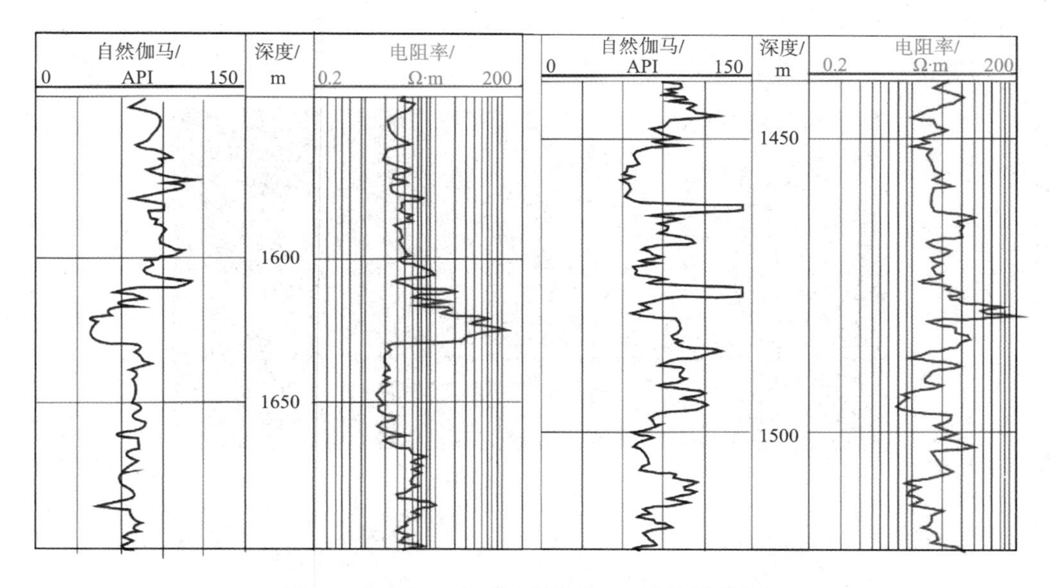

图 5－7 水上、水下河道的岩心—测井刻度分析

三、利用“岩心刻度”技术识别重要地质事件

重要地质事件的识别不仅具有层序地层学研究的意义，而且也是区域地质研究的关键，“岩心刻度”测井分析技术是识别重要地质事件的有效手段。

图 5－8 为川西某区蓬莱镇组地层测井图，其中紫色线段所夹区间的两个小正旋回，在测井曲线上可识别为两次水进过程，两次水进的组合关系为小型正旋回与其上部高伽马泥岩构成组合，推测可能与湖水逐渐变深有关，其中高自然伽马与低电阻率的组合关系，构成水体加深的测井地质专属信息。

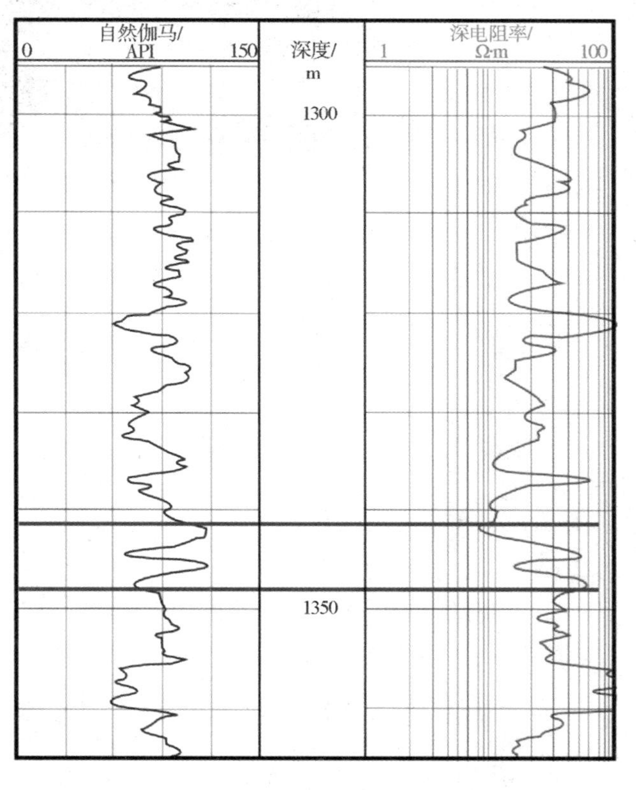

图 5－8 川西某区蓬莱镇组两次水进事件的测井识别

岩心观察证实上述推断，图 5－9 的两张照片分别为两次水进后的泥岩颜色和结构。第一次水进后，可见红色泥岩夹少量暗色泥岩，表明水体加深（注：研究表明，川西陆相地层浅湖相泥岩一般为棕红色，随水体加深，泥岩颜色依次变成灰绿色和黑色）。

第二次水进以层状黑色页岩为主，表明水体再次加深。两次水进也构成区域重要地质事件，成为蓬二段地层内部的地质分层界面。

(a) 第一次水进泥岩

(b) 第二次水进泥岩

图 5-9　两次水进后的泥岩颜色和结构对比图

第三节　基于地质界面刻度的测井地质属性研究

如果说单一地质事件的识别可以用岩心刻度，那么事件与事件之间的识别要点在于二者的变化，界面是分隔变化的关键，也是刻度测井曲线的关键节点。

根据实测观察，测井曲线只要记录地质界面及其演化，那么该界面的本质特征和上下变化关系一定会在测井曲线上有对应变化。因此，利用地质界面的原理特征刻度测井曲线，就可获得该类界面及其变化的识别依据，从而成为识别测井曲线地质含义的一种有效手段。

一、碎屑岩地质界面的测井地质刻度案例

与碳酸盐岩和火山岩不同，碎屑岩的压实作用和重力分异等特征很明显，它们构成碎屑岩界面的各种典型组合特征，成为刻度测井曲线、识别碎屑岩地质界面的专属依据。

（一）碎屑岩地质界面的主要特点及其与测井曲线的刻度关系

在碎屑岩的成因机理中，重力分异使岩性按粒度渐变，且不同岩性的区分关系较清楚，刻度在测井曲线上，就是各种岩性及沉积旋回的变化特征；压实作用的连续与间断，也暗藏于测井记录中，虽然隐蔽，也可通过刻度测井曲线获得。利用碎屑岩的这些突出因素刻度测井曲线，有助于识别各种地质界面，并推导其成因机制。例如不整合面类型虽多样，根据差异压实、剥蚀残积层或剥蚀残余沉积旋回等各种界面特征刻度，有助于利用测井曲线复原各种不整合成因。在一般地质界面的上下，可找到沉积旋回强弱变化、旋回类型突变及沉积水体加深或变浅等曲线地质含义，这些含义的刻度与识别，为利用测井曲线识别各种碎屑岩地质界面提供了重要依据。

图 5-10 为利用地质界面刻度测井曲线，复原沉积演化的一个案例。研究对象为 DG 油田南 DG 构造带 Q50 断块沙三段的五套砂体。

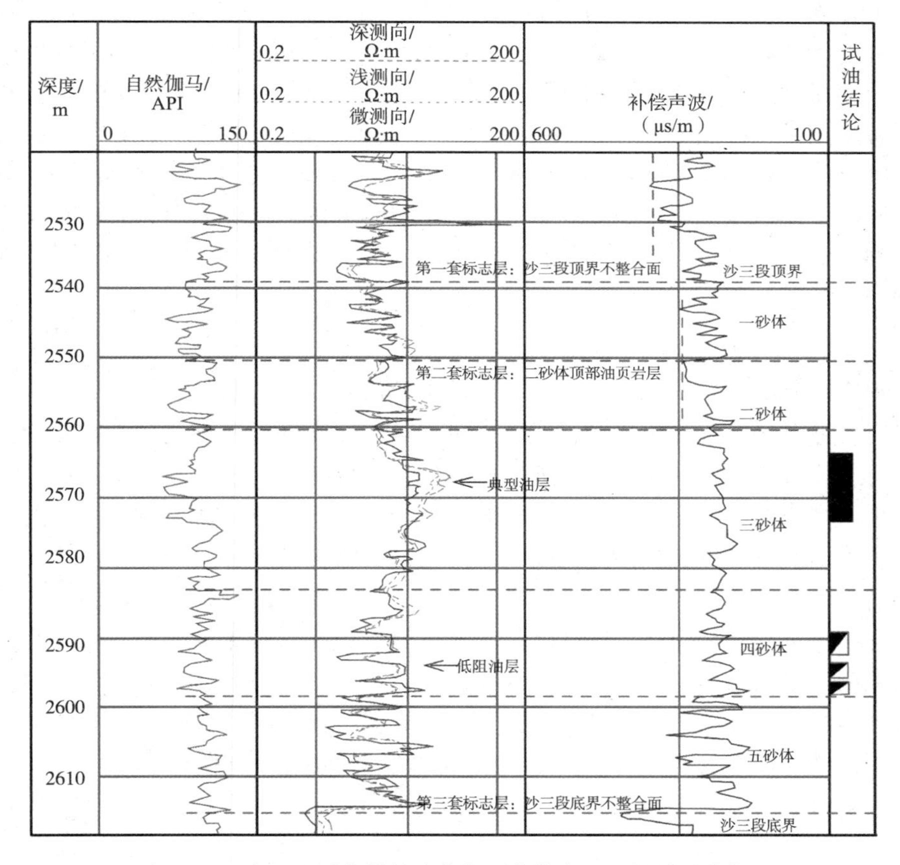

图 5-10　宏观地质背景的演化与测井信息记录的关系分析图

根据刻度认识，可清晰识别沙三段顶底两个不整合面：其底部为古近系与中生界之间的不整合面，由于该界面发育时间很长，不整合面上的剥蚀残积层明显，该残积层的声波曲线具有异常增高的地质专属响应（见图 5-10 底部）；其顶部为沙三段与沙一或沙二段地层之间的不整合面，该界面虽有沉积中断，但时间远远不及前者，因此剥蚀残积层很不明显，但因存在地层中断，故上下地层的纯泥岩连线可见明显中断，构成该不整合的测井地质专属响应(见图5－10顶部)。这两个不整合面的刻度，可较清楚地复原其不整合的成因及类型。

其他地质界面的刻度与识别如下：五砂体与四砂体具显著不同的旋回特征，界面将其分割。其中，五砂体为旋回特征不明显的砂泥薄互层，四砂体为小型正旋回；四砂体与三砂体虽旋回特征相似，但强弱明显不同，界面分割了二者的强与弱；三砂体与二砂体均为强水动力的正旋回，但沉积水体的深浅明显不同。三砂体为浅水环境，泥岩中含砂较高(泥岩自然伽马值偏低且电阻率齿化)，二砂体为较深水沉积，泥岩较纯，且其电阻率明显比一砂体的纯泥岩高(泥岩自然伽马相似，但电阻率明显不同)，岩心资料刻度该段泥岩为油页岩，反映水体较深，有机质丰富；二砂体与一砂体之间为明显的沉积旋回反转，一砂体变为反旋回沉积，湖平面变浅，并最终暴露的地质背景。

根据上述认识，推敲各砂组地质界面的关系，有助于复原其沙三段的地质演化规律：①沙三底的五砂体储层薄且岩性均匀，测井曲线的齿中线近于平行，岩屑录井的颜色为棕红色，指示暴露的氧化环境，为较典型的滩相沉积；②四砂体岩屑录井的颜色变为灰黑色，推测发生水进，自然伽马曲线转变为小的正旋回，沉积环境开始由滩相变为水下砂坝；③三砂体的自然伽马曲线表明，该地区先发生一期小的水进，接着是一期大型水进，形成水下砂坝主体；④二砂体是一期水进，由于持续水进，水体加深，有机质发育，使两套砂体之间发育薄层油页岩，成为地区对比标志；⑤一砂体为水退期，至顶部出露地表，接受剥蚀。

(二)沉积演化与储层发育的关系分析

根据地质演化的复原认识，地质界面限定了其内部砂体的潜在储集能力，这有助于储层预测研究。针对该区沉积规律结合成岩作用，可作如下推导及预测：①滩砂物性差，难以形成具有工业价值的油气层。本区五砂体岩性细且层薄，由于渗流不畅，成岩作用导致层内钙质析出多，储层致密化程度高，故多发育干层和低产层。②高电阻率油层主要分布于水下砂坝主体。三砂体和二砂体沉积水动力强，其岩性较粗、较纯，孔隙度较高，岩性结构相对简单、电阻率值高，指示储层含油饱满，产能高，因而是主力产层。③低电阻率油层可能分布于沉积微相边部。四砂体位于水下砂坝边部，砂体规模小，水动力变弱且不稳定，使地层泥质及粉砂岩发育，测井曲线齿化明显，表明储层多为薄互层结构，当油气运移较充分且细砂岩达到一定厚度时，极可能形成低阻油气层，否则砂层多为高含束缚水的干层。④一砂体顶部为不整合面，故其油井的储层受构造条件制约。

(三)根据地质界面刻度预测低阻油层的验证

油层的纵向分布规律说明，主沉积相区的测井曲线形态光滑、岩性结构简单，孔隙结构亦简单，油层电阻高，产量高；位于沉积微相边部的砂体，具薄互层的岩性结构，导致孔隙结构复杂化，当孔隙结构中束缚水与可动油气并存时，具备低阻油层的赋存条件。

为进一步预测低阻油层，制作了该区四砂体的沉积微相图。由图5－11可知，构成主相区的Q50、Q50－1、Q50－2及Q50－5等井测井曲线较光滑，沉积水动力较稳定，岩性相对均匀，油层电阻率高；坝体侧翼的Q50－10、Q50－15等井则曲线齿化明显，表明其水动力不稳定，齿化现象为“细砂、粉砂、泥质与钙质”的薄互层结构，部分储层具备“双组孔隙系统”，其复杂低孔隙部分，形成束缚水，导致储层电阻降低，而细砂岩的孔渗相对较高，储集了可动油，这种特殊储层结构使部分坝体边部储层具备生产油气的地质条件。

预测认为，Q50－10井四砂体几个原解释的干层，虽泥质含量高且电阻率较低，但仍具备低电阻率油层的特征。依据如下：①本井区油气运移较充分；②储层具有薄互层特征；③声波时差值计算的孔隙度值较高，可能具备一定的生产能力。1996年DG油田作业三区对上述几层试油验证后，该井每日自喷原油超过30t，仅两月时间就生产原油超过2000t，证明了上述低阻油层预测的正确性。（李浩，2004）

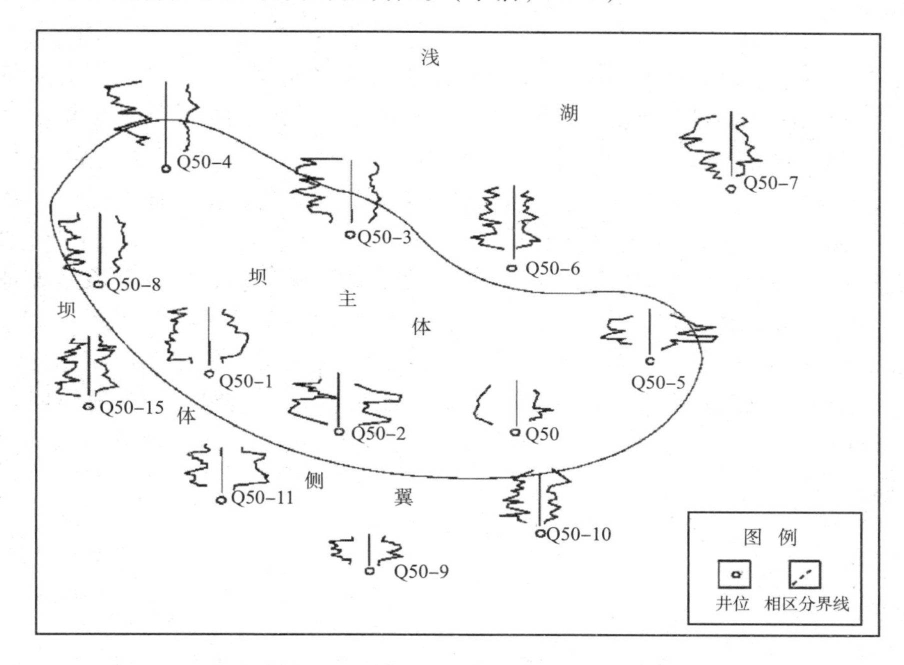

图5－11　利用沉积微相的分布预测低电阻率油层

二、碳酸盐岩地质界面的测井地质刻度案例

地质界面刻度测井曲线的实质在于地质尺度与测井尺度有着认知的一致性。碳酸盐岩的地质界面同样可在测井曲线上刻度，为识别相似界面提供依据。这种一致性论证可避免二者各自推理认识的不足，提高辩证分析的准确性。

碳酸盐岩与碎屑岩成因差异巨大，二者地质界面的识别与测井刻度研究也必不相同。历年来，碳酸盐岩的地层对比及地质界面辨识面临两个难点：①碳酸盐岩具有与生物、化学关系密切的成因特点，横向上沉积物质变化复杂，除石膏岩等少数岩性外，碳酸盐岩地层普遍缺乏可用于横向追踪的标志层；②碳酸盐岩地层普遍面临“同期异相”的地层对比难题，由于横向上碳酸盐岩生物、化学环境的不断变化，同一时期的地层沉积相变化复杂，地层对比难以把握。

由于上述原因，碳酸盐岩地层界面的识别，较之碎屑岩更加困难，碳酸盐岩地质界面的测井地质刻度研究也显得更为重要。如果说碎屑岩的地质界面相对显性，可通过单井刻度，即可开展相似地质界面研究或横向对比，那么碳酸盐岩因为“同期异相”的重大影响，加之生物化学作用更多地影响岩性内部特征，其地质界面相对隐性，地质界面的识别与横向追踪必须另寻依据，如对同成因地质界面的测井刻度研究及横向追踪，可作为重要的分析线索。这里以普光气田飞仙关组底不整合面的测井曲线刻度识别为例，做一分析。

普光气田是近年来发现的碳酸盐岩大型气田，其长兴组储层以生物礁为主，向上发育飞仙关组以滩相为主的储层，长兴组与飞仙关组之间发育不整合面。

地质研究表明，普光气田飞仙关组底界面演化具有特殊性：下伏长兴组台地生物礁沉积地层曾部分暴露，遭受风化剥蚀，飞一段早期接受快速海侵，工区内地层被全部淹没。这一特殊演化过程表明，该界面上下地层岩性构成的组合，一定是由浅水沉积突然变为深水沉积的同成因接触关系，即下伏长兴组地层顶部具浅水成因的岩性特征，上部飞一段地层底部具有深水成因的岩性特征。构成碳酸盐岩地层界面刻度测井曲线的依据，为利用测井曲线破解“同期异相”地层对比难题提供了可能。

在该气田开发方案编制之初，曾遭遇地层界面的归属之争，该界面的归属关系到方案编制的两个关键问题——储量的面积与开发井设计的最终确定。图 5－12 是关键井 P302－1 井的两种意见相左的观点：一种观点认为粉色断线为该不整合面，依据是该处既是岩性变化面（自然伽马和补偿密度均发生变化），也是物性变化面（该界面之下孔隙度最大）；另一种观点认为蓝色实线为该不整合面，其依据是界面之上虽可见较深水沉积标志，如泥岩自然伽马数值高、厚度较大，达 20 多米，但这可能与该井的碳酸盐岩台地斜坡有关，界面下部测井曲线具有一定的齿化特征，与生物礁顶部响应吻合。两种观点各执一词，孰是孰非，一时难以定论。

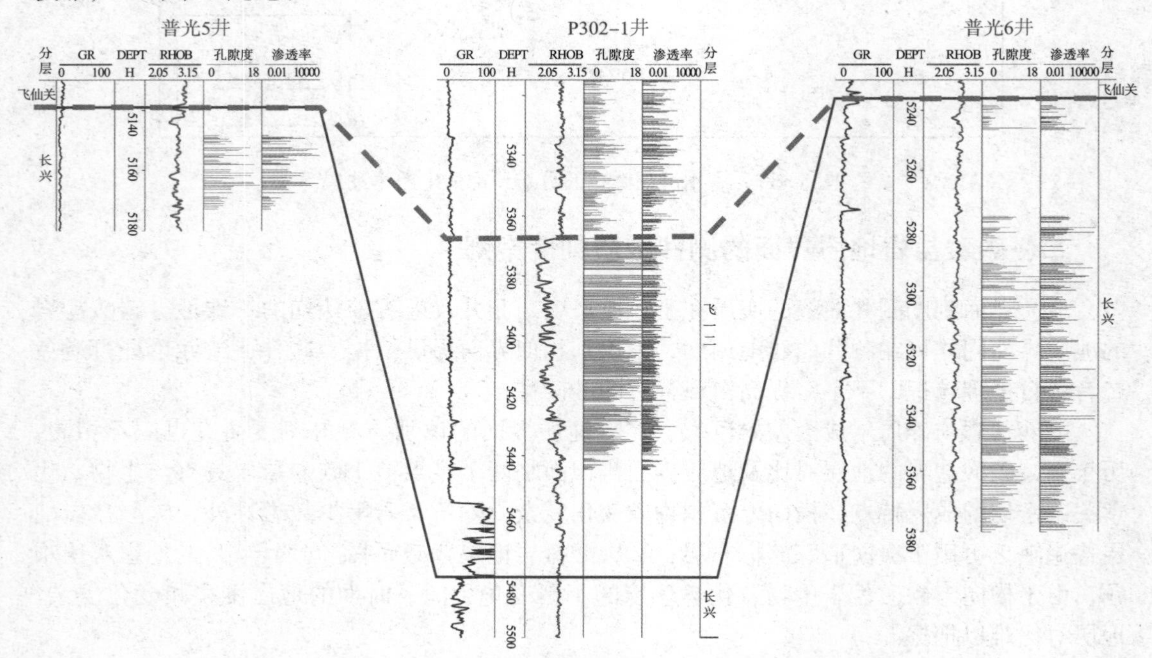

图 5－12　飞仙关组底界面物性变化关系图

根据岩心刻度测井分析，长兴组与飞仙关组之间的不整合面，因长兴组生物礁存在风化剥蚀，其物性具有共同特征：即孔隙度与渗透率之间具有正相关关系。风化淋滤必然形成高孔隙度对应高渗透率。这一认识为地层界面刻度测井曲线提供了依据，也为地层对比的横向追踪指明了方向(李浩，2011)。

事实上，碳酸盐岩地层的物性特征变化较之碎屑岩地层，显然更加容易受地质界面控制。进一步研究认为，粉色断线所示界面之下的高孔、低渗储层很可能与发育潜流层有关，上述认识也被地震资料间接证明。

图5－13表明，按后一地层对比方案分层标定，P302－1井飞一底与普光5井礁体顶界面位于同一同相轴。粉色断线所示分层在此变为绿色断线，与该不整合面斜交，其地震剖面上的形态特征与滩相沉积更为吻合。图5－14明确显示，后一地层对比方案在地震解释中能完美闭合，显然属于合理分层。

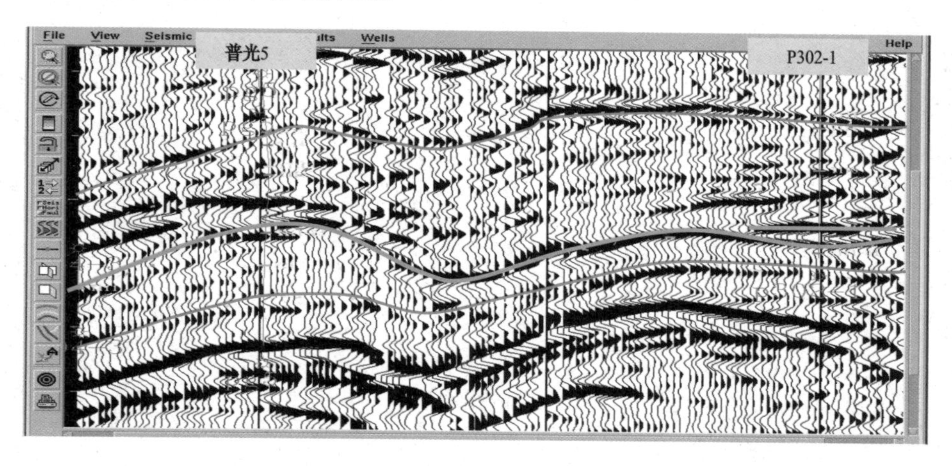

图5－13 普光5井与P302－1井过井地震剖面图

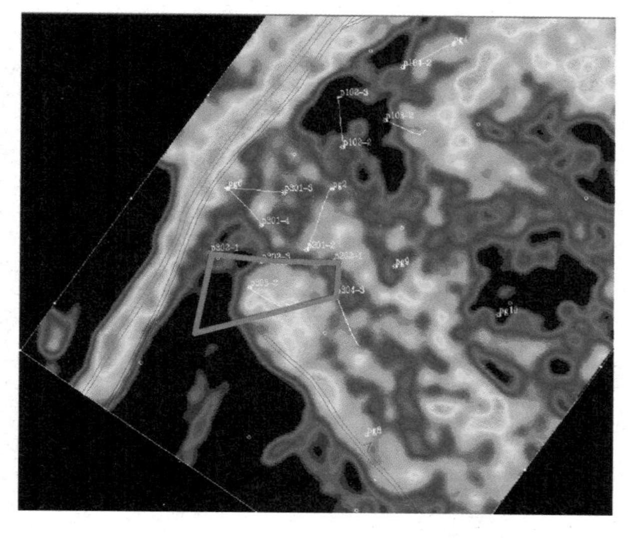

图5－14 飞一段底不整合面地震相图

经该不整合面刻度测井曲线研究，地层对比认为 P302－1 井、P302－3 井、P301－4 井不在长兴组礁体上，而是处在礁前或斜坡部位，这一成果为储量面积与开发井设计的最终确定提供准确依据，该气田开发至今未钻遇空井，生产运行基本符合开发方案的设计要求，充分证明测井认识的准确可靠性。说明基于地质刻度的测井地质属性研究可行，能准确解读储层的地下地质含义。

第六章　基于归因分析的测井地质属性研究

基于地质刻度的测井地质研究毕竟有局限性，这是因为：①可用于刻度的依据毕竟有限；②地质刻度也可能遭遇多解。如相同事件在不同地域可能会出现“同质异相”的多样性特征，因此其他研究手段的补充和佐证同样具有必要性。以测井曲线特殊变化指向同一地质本因为线索，开展归因分析，不失为一种科学的分析方法，其要点在于不同测井曲线对同一地质事件可找到趋同变化特征，该变化特征可用同一地质成因加以解释。归因分析法有助于识别复杂地质事件，这类事件的特点是其纵向变化常有地质演化的共性，横向上却表现出沉积组合的多样性，这种多样组合常造成某些假象，以阻碍该地质事件的判别，导致分析误入歧途。准确的归因分析，可清楚辨认不同测井曲线组合的相同地质含义，使地质分析合情合理，宏观与微观认识相吻合。

在具体研究中，因测井仪器的原理不同，不同曲线记录了同一地质事件的不同地球物理特征，这些特征具有地质演化的有序性和地质成因的一致性。因此对地质事件及其变动的归因，常可找到唯一性解释，为地质研究提供分析思路。事实上，任何测井对地质演化的记录，均符合 3 个属性的特点，因此基于 3 个属性的研究，是建立归因分析方法的核心。

第一节　归因分析的研究依据

一、专属性的归因分析

测井曲线地质专属性的特点是对于目标地质事件，测井曲线总能找到与其他地质事件相区别的特征响应。对某一具体地质事件而言，横向上的测井地质专属信息识别，均能找到同一地质本质的归因，这些排他性因素的同成因归属，可视为专属性的归因分析。

专属性的归因分析思路在于无论研究区同一地质事件怎样变化，在测井曲线上均可找到该事件的排他性因素集合，这些排他性因素均可归因于同一地质共性。如快速海侵事件的记录，因环境等条件的差异，不同沉积相带的测井曲线几乎各有差别，但指示的却都是同一深水成因的地质事件特征。

专属性归因的研究关键有两个：①目标地层的专属性因素识别。如重大地质事件常带来地层的突变，因此很多专属性因素具备地层的突变结构，找到了这些测井曲线记录的突变结构，一般就找到了目标地层的专属性特征。②专属性特征可用同一地质本质归因。对于同一成因地质事件，只能有一种成因动力，这些专属性特征即使横向变化很大，但所指向的地质成因只能有一个。因此以各种专属性特征识别为切入点，寻找其同成因条件，是研究测井曲线地质含义的关键，有助于破解测井隐含的密码信息。

普光气田三叠系飞仙关组一段(简称飞一段)底部的海侵事件，可作为专属性归因分析的典型案例：受海相地层“同期异相”因素的影响(见图6-1)，在该界面上下常见3种岩性与测井曲线的组合类型：①在长兴组顶部礁盖处，常见白云岩与泥灰岩组合。白云岩的测井特征为低自然伽马、低电阻率，泥灰岩的测井特征为高自然伽马、低电阻率。②在礁间处，常见云质灰岩与泥灰岩组合。云质灰岩的测井特征为低自然伽马、高电阻率，泥灰岩的测井特征同前。③在台地斜坡或台地内部，常见含泥灰岩与泥灰岩组合，含泥灰岩的测井特征为低自然伽马、高电阻率，泥灰岩的测井特征同前。由此可见，以飞仙关组底为界，下伏地层整体为与海退相关的浅水岩性沉积特征，上覆地层整体为与水体突然变深相关的泥灰岩，这些岩性组合与地质事件的成因及演化关系完全吻合，其测井曲线的突变结构虽多样，但均有地质成因的专属特性，可归因于由浅水或暴露标志向水体突然加深的事件演变。

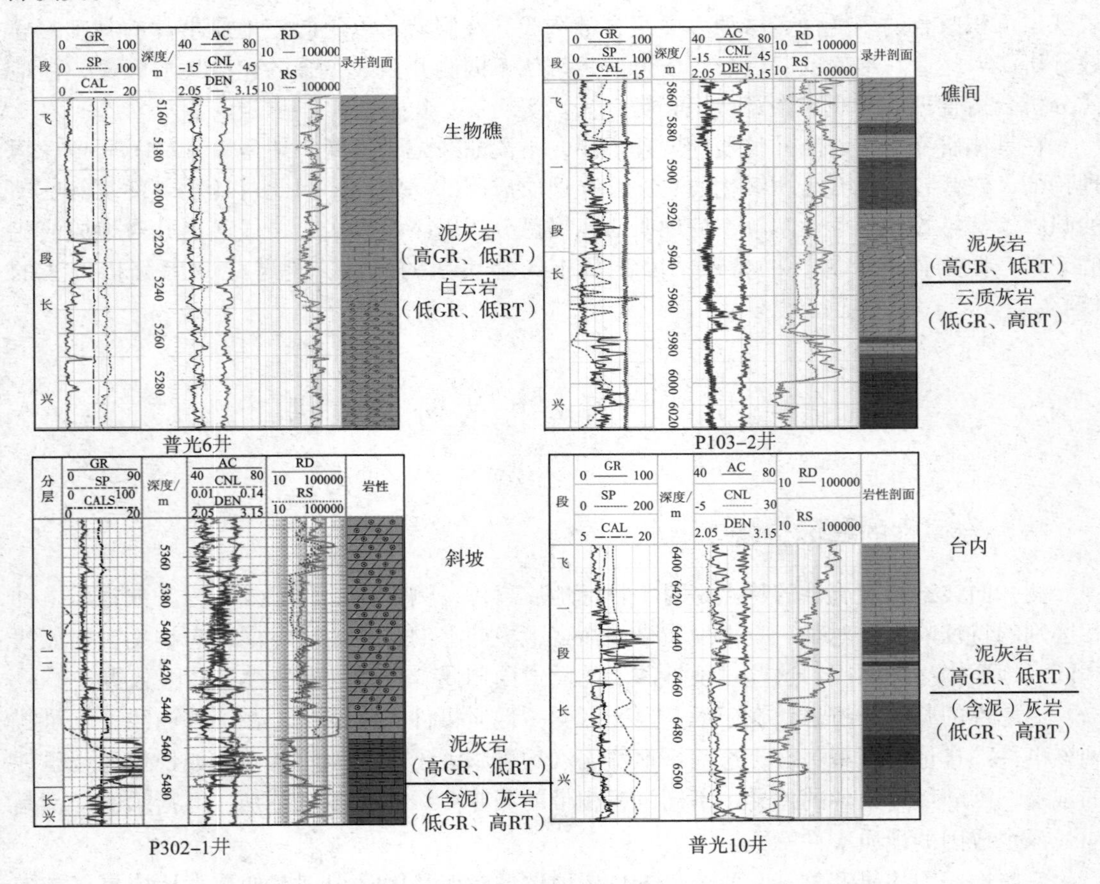

图6-1　飞仙关组底界面岩性组合关系图

二、对应性的归因分析

测井曲线地质对应性的特点是测井信息变化与其地质演化具有对应关系，即地质事件的演化关系在测井曲线上有对应记录。对某一地区的地质演化历史而言，测井曲线的组合记录虽然多样，但演化关系的地质归因线索是一致的，均可归因于同一地质事件的变化，并有着合理的对应性。

对应性的归因分析思路在于测井信息的组合关系，在纵向上与地质演化具有对应关系，横向上具有符合地质理论的相序关系。因此，其纵向变化可归因于相同的地质演变线索，横向变化可归因于同一地质事件的相序关系。以图 4－4 为例，将各种级别的地质界面及其上下地层作为研究单元，可找到不同地层各自的测井地质专属性信息，这些专属性信息的纵向演化关系可归因于由海陆过渡地层向陆相地层演变的地质演变线索（或温暖潮湿的气候背景向干旱气候背景的地质演变线索），这些演变线索在横向上符合相序变化规律。因此，以各种级别的地质界面识别为纬，以地质演变为经，是开展测井地质对应属性归因研究的重要手段。

三、统一性的归因分析

测井信息地质统一性的特点是，每一个完整地质事件的演化必然是宏观与微观的协调一致。对重大地质事件而言，它不仅在其地层上留有特征印记，在地层的细微部分同样遗留特征印记，这些整体印记和局部细微印记，同样可归因于同一成因机理。

统一性的归因分析思路在于，测井尺度记录的特征性响应必然是对宏观地质作用某一特征因素的记录，即宏观地质作用的结果，必然能在小尺度测井信息中找到求证因子。反之，利用测井尺度记录的特征性响应，也极有可能推导出宏观地质作用的成因与特点（如图 5－10 和图 5－11 所示，对低电阻率油层的预测分析）。因此，统一性研究是测井地质学的核心手段之一，也是确定测井曲线地质含义或论证地质推断正确与否的关键依据，它使测井地质研究的预测应用成为可能。

第二节　测井地质属性一般表现方式

测井信息的地质表现方式大致有 3 种：①大尺度表现方式。如测井曲线的形态及多种形态的组合等。②中尺度表现方式。如岩性或沉积事件的特征响应等。③微尺度表现方式。如测井曲线信息中的频率、幅度等。各种尺度信息的特征响应均可归因于地质原理或模式，如一般河道迁移所具有的“二元结构”在自然伽马曲线上常有正旋回特征。但其中的曲线组合特征与频率、幅度等特征常被忽视，这些恰恰是确认地质事件和研究地质演化的重要依据。

任何地质事件的共性与个性特征都依附于测井曲线的某些形态，这些形态的基本组成要素有频率、韵律、幅度以及它们的相互组合关系等，如以往的测井相研究中，常常根据钟型、箱型、漏斗型、指型及其相关组合关系判断沉积相或沉积微相类型。因此，根据测井曲线形态所辨识的频率、韵律、幅度等组合信息，可以推断或还原地质事件及其突变关系。其中，地质事件中的物质变化(其显性变化为岩性变化，隐性变化为物质结构与物质成分的变化)多表现为幅度特征，堆积方式多表现为频率或韵律特征。地质事件的成因特点可以根据测井曲线的组合关系加以推断。

第三节　测井地质属性的归因识别方法

一、测井地质专属性信息的归因识别

(一)岩性的测井地质专属性归因识别

形成岩石的物质组成、堆积方式、构造作用、气候特征、温压环境、成岩条件以及物理化学条件等事件性因素，都会造成测井曲线或多或少地具有排他性响应特征，这些排他性特征就是岩性的测井地质专属性归因分析的理论依据。

岩性的测井地质专属性识别依据主要有两个：①岩性组合与测井信息记录方式之间的专属性归因分析；②岩性内部物质组成与测井信息记录方式之间的专属性归因分析。

1. 岩性组合与其测井地质专属性的归因识别

岩性组合关系代表地层局部事件的堆积结果。其测井地质专属性是识别地质演化特殊性的重要依据，也是研究储层构成条件和预测不同含油气储层分布规律的重要依据。

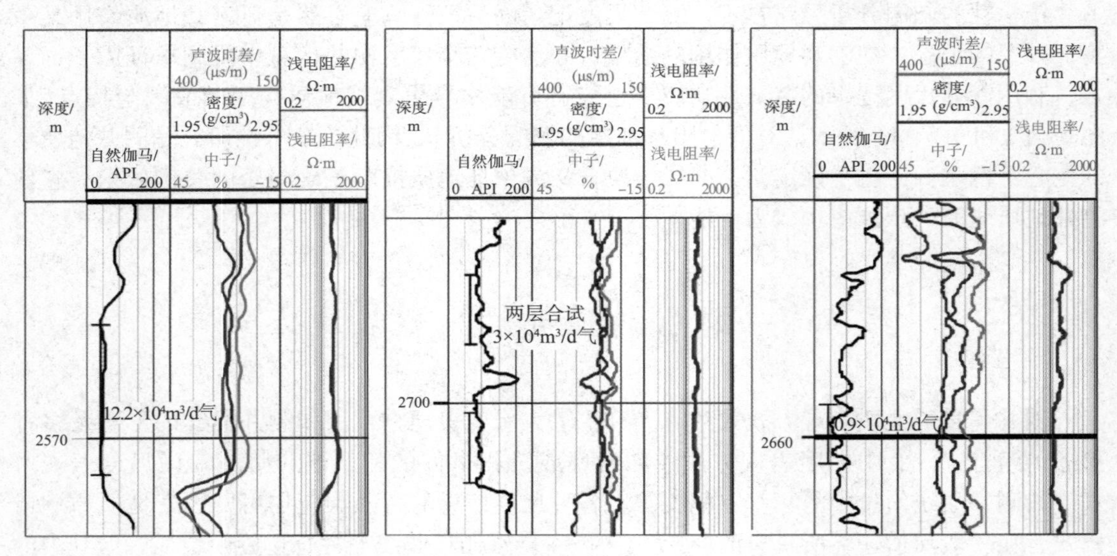

图6-2　大牛地气田心滩岩性组合关系的测井地质专属性识别

以中石化大牛地气田下石盒子组心滩与油气生产的关系统计为例，可看出岩性组合不同，心滩的测井曲线特征就不同，测试的产能概率也不同。由图6-2可知，D66-34井的心滩形成条件为物质供给充分、稳定的强水动力，自然伽马测井曲线表现为连续、光滑的箱形，该段测试获日产气 $12.2\times10^4m^3$，这类心滩多为中高产储层；D66-59井的心滩形

成条件为物质供给相对充分，但水动力不稳定，自然伽马测井曲线表现为连续、齿化的箱形，该段两层测试，获日产气 $3\times10^4m^3$，这类心滩多为中、低产储层；D66－25 井的心滩形成条件为物质供给相对不充分的间歇性水流水动力，自然伽马测井曲线表现为不连续的箱形，该段测试获日产气 $0.9\times10^4m^3$，这类心滩的产能与间歇性水流的水动力强度关系密切。这个案例表明，同类事件测井曲线的特征变了，其地质含义也变了。

岩性组合关系的测井地质专属性不仅能指示地层堆积事件的条件背景，也有助于预测各类储层的分布及产能特征，上述研究结合生产测试数据分析表明，大牛地气田下石盒子组的部分主力储层主要分布于物质供给充分、强水动力条件下形成的心滩，而间歇性水流及不稳定水动力形成的心滩，是近几年新发现的“高声波、低电阻”类型气层形成和分布的主要区域。依据这一认识，可以有效指导这类低阻气层的系统研究。

2. 岩性内部物质组成与其测井地质专属性的归因识别

物质组成的变化大到岩性的改变，小到物质成分、含量、结构及构造的改变，这些改变均有可能被测井信息记录。

物质组成的变化具有多种表现形式，与变化对应的测井曲线组合特征，可能隐含着多种地质含义。①物质组成的含量变化组合。如不同的水动力条件常造成地层的物质组成含量变化不同，根据这一特征，可以用于不同级别的地层对比。②物质组成的类型或成分变化组合。构造变动、物源改变等地质事件常造成物质的成分组合发生变化，因此物质的成分变化组合多可归因于重要地质事件的界面变化。如大牛地气田在太原组末期由于北部阴山隆起，造成地层界面之上山西组的岩屑含量远高于太原组(见图1－2)，与之对应，测井曲线也可见明显变化。③物质组成的结构变化组合。压力、应力、构造及沉积事件，都可能造成物质的结构组合变化，根据这种变化关系，同样可恢复地质事件的成因特征。如碳酸盐岩的孔隙度、渗透率结构变化组合，可能反映其构造或沉积演化关系(见图5－12)。另外，物质组成的变化组合特征也是沉积微相研究的重要依据。

图6－3 为普光气田三叠系飞仙关组三段(简称飞三段)底不整合面的测井识别图。由图可知，右侧为台地高部位测井曲线，其形态因岩性内部物质组成发生变化而变化。界面上下地层虽同以灰岩为主，但其中下伏浅滩的补偿密度测井曲线齿化明显(图6－3 中绿色曲线)，部分岩性含有少量孔隙，这些特征可归因于地层暴露与淹没的间互，而其上覆快速海侵成因的地层为纯灰岩，该灰岩的补偿密度值与纯灰岩骨架接近，岩石孔隙几乎不发育，测井曲线相对光滑、稳定，可归因于快速海侵时期稳定的物质供给；图6－3 中左侧为台地斜坡区的测井响应变化，属于含泥灰岩内部的岩性物质组成变化。不整合面上覆地层的测井响应表现为自然伽马增高，同样指示相对深水沉积，与含泥灰岩向泥灰岩转化相对应。

(二)测井地质专属性常见归因分析方法

基于岩性的测井地质专属性识别，是开展测井响应特殊性归因研究的依据，并有助于推导地质事件与油气预测的内在关系。测井曲线记录地质信号的隐蔽化识别方法主要有比较法和成因分析法两种。

1. 识别地质事件的比较分析法

重大地质事件一般会对地层产生多方面的影响，并引发测井曲线突变，该突变与该事件的各种地质特征存有必然联系，成为区分其他事件的理论依据，这些标识可通过不同事

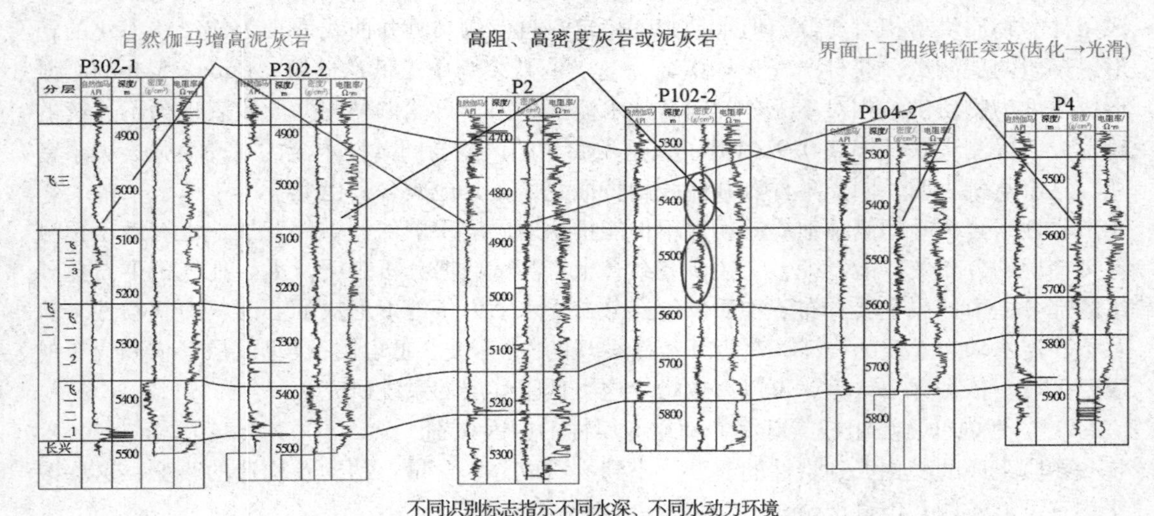

图 6-3　飞三段底不整合面的测井识别图

件的测井曲线形态比较加以识别。但由于这些差异变化几乎均具有隐蔽性，其内容和表现形式也多样，只有弄清差异的归因机制，找到它们各自地质特征与测井曲线的内在联系，才能识别这些测井曲线的隐性地质含义。目前已有少数测井曲线的隐性地质含义获得解读和应用，广为人知的有异常压力(见图3-2)、异常应力(见图4-10 和图4-11)及生油岩(见图3-5)等。从研究对象看，地质界面是多种地质突变因素的集中地带，应是挖掘这些隐性地质信息的重要部位，也是运用比较分析方法的重要切入点。

2. 识别地质事件的成因分析法

当地层中保留有地质事件信息，就可通过寻找测井曲线的共性指向，加以归因识别。尤其是特殊地质事件本身所带有的排他性因素，均可以通过地质研究的成因关系论证，获得合理的归因解释。

实践表明，最有效的成因分析手段之一是遵循构造—沉积演化的分析思路，运用宏观与微观地质演化的统一分析方法加以归因。DG 油田 Q50 断块低阻油层的预测与识别研究(见图 5-10)即是一个例证。

测井曲线的地质专属性是辨识地质事件的重要手段。如果其中较大尺度的事件识别能与地震信息的地质专属性做到相互地质归因，则有可能找到测井—地震的共同地质专属性，为地震解释目标的追踪提供准确依据，从而达到精确预测的目的。

另外，测井曲线因具有专属于地质研究目标的排他性特征，其研究方法并不局限于文中所述，本身内含的隐性地质测井记录信号，还具有广阔的研究空间等待人们从多个角度研究、挖掘。

二、测井地质对应性信息的归因识别

(一)测井信息隐性结构变化对应关系的归因识别

隐性结构的变化关系多与各级碳酸盐岩地层界面有关。其中地层纵向上岩性变化可能不明显，但岩石结构或其内部物质组成的突变，常可归因于地质事件的改变；横向上的岩

性变化，可归因于地层堆积条件的差异。图6-3中飞三段底不整合面上下岩石内部物质组成的突变，表明地质事件作用的结果，在不整合面上下形成了两种不同的地层结构（图中红圈所示）：不整合面上部地层以纯骨架灰岩为主，致密骨架对应电阻率高值，有些测量值甚至达到限幅，可归因于快速海侵；不整合面下部地层无论是岩性还是孔隙，均具有齿化特征，可归因于“瞬时”的暴露与淹没关系。其横向上的岩性与沉积微相变化，可归因于台地高部位及台地斜坡区的地层堆积条件，具有成因的一致性。

（二）测井信息显性结构变化对应关系的归因识别

显性结构变化关系多与各级别碎屑岩地层界面有关。其纵向上可以找到明显的岩性或沉积旋回变化关系，用地质专属性分析方法可以识别，横向上虽然地质条件有所变化，但仍可利用这种显性变化关系的解释加以追踪。

图6-4为DG油田刘官庄地区3口井的测井联井剖面（自左至右为A1井～A3井），图中可见两个地层界面：上面的横线为一个不整合面，其上下的沉积相和岩性突变与不整合面成因吻合。在A1井的不整合面之下，还可见少量剥蚀剩余的残存反旋回韵律，与不整合面之上正旋回沉积的河道砂构成组合关系，进一步证明这种归因关系的存在。该不整合面之下的折线是一个沉积旋回相反的沉积反转面，从A1井～A3井，反旋回沉积的砂体受剥蚀的现象越来越严重，表现了地层剥蚀结果的差异，这种差异可以利用地质突变的归因关系解释加以追踪。

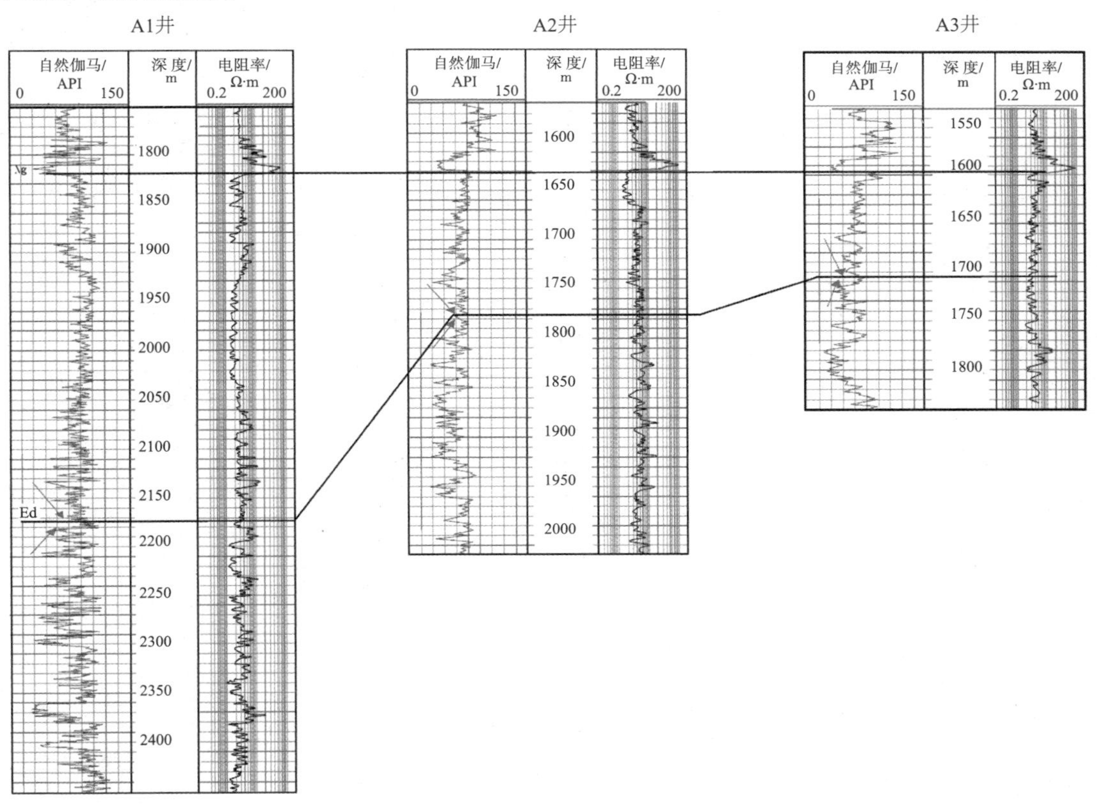

图6-4　刘官庄地区不整合现象分析图

三、测井地质统一性的归因识别

对于具体地质事件，其隐性测井地质信息研究可遵循两个基本地质认识。①重要地质事件的表现形式具有测井记录的多样性。如不整合事件可从构造、沉积及成岩等多个方面进行分析，不同成因地层的微观地质特征表现不同，这种不同构成不整合面上下地层组合的测井信息密码结构。测井信息对此留有或多或少的记录，为不整合面识别提供了归因研究依据。②重要地质事件的演化关系具有测井记录的归因合理性。深究测井曲线与其地质背景因素的关系可知，测井信息记录了地层界面上下的差异组合关系，如“沉积相差异组合”、“岩性差异组合”、“残存旋回(剥蚀)与完整旋回组合”及“物性差异组合”等，这些组合与地质演化过程中的变动关系完全吻合，即测井记录在纵向上与地质演化关系具有吻合性，在横向上具有地质成因关系的可追踪性。这种归因合理性是利用测井信息研究地质问题的重要切入点。由于这部分内容在上一章已举例证，这里仅作简要论述，不再重复。

总而言之，测井曲线是油气田地下地质研究所需的珍贵信息，测井地质学是实现油气地质研究的重要手段之一，测井曲线的隐性地质信息研究，是测井地质学最重要的研究内容。实践表明，测井信息具有 3 个重要的地质属性，即专属性、对应性及宏观与微观的统一性，这 3 个性质是弄清测井曲线地质含义的基石。

第七章　基于岩石成因的测井地质属性研究

地层信息是岩矿及其内部残留的各种地质事件痕迹之和，它们构成各种测井曲线的测量背景。前文已证，测井曲线的某一特征很可能对应地下地质的某一内因。因此，要想准确识别地下地质的含义，必须看透测井表象所隐含的地质本质。

现象和本质具有必然联系。本质只能通过现象表现出来，而现象也只能是本质的显现，离开其中的一方，另一方就不能存在，二者是对立统一的。看清本质，也必然面临假象和错觉的干扰。因此，要弄清测井曲线本身隐藏的地质含义，识别本质是唯一出路。

在实践中寻找测井曲线的地质含义，需注重把现象作为入门向导，并对现象进行多角度、多方面的剖析，运用多种方法进行论证，才是接近本质的关键。其中，地质刻度方法是尝试通过实证刻度，识别测井曲线地质含义的思维方法；归因分析方法是通过寻找各种测井曲线隐含的共性特质，辨证归因，达到识别测井曲线地质含义的目的。

此外，将地质本因直接导入测井曲线分析中，也可以尝试从这个角度识别测井曲线地质含义：根据地质成因的某一固有机理，推测或在测井曲线上寻找与该固有机理相吻合的共性变化(岩石的某一成因特性，极可能就附着于测井曲线的某一共性表象)。这说明从地质成因的视角，完全有可能推理或归纳总结出测井曲线的地质含义，进而达到还原地质事件原貌的目的。

地质成因的性质与特点又以岩石成因和地质事件最突出，成为识别测井曲线地质本质的可选途径。其中，岩石成因的主要差别在于形成条件不同。推敲可知，岩石形成条件是决定测井曲线内含地质专属性特征的要因。因此，以岩石形成条件的差异为线索，是研究测井地质专属性的一个重要切入点。由于岩石的形成条件复杂多样，难以枚举，以往学者研究其对测井曲线的影响又很局限，目前只有些零星的、很不系统的、甚至可能是思路正确但分析偏颇的推导，但已足以抛砖引玉，为推动测井地质学发展提供新思路。本章主要讨论岩石成因与测井地质专属性研究的内在关系。如果把前两章看作运用反演的方法研究测井曲线地质属性，那么从地质成因推导测井曲线地质属性的方法可看作正演手段。

第一节　成岩时期与测井地质属性研究

岩石成因不同则成岩特征亦不同。如碳酸盐岩与火山岩均具有早期成岩特点，二者虽成岩期相似，但测井响应既有相似之处，又有不同之处。其相似之处在于，早期成岩形成的地层多偏厚，且多见块状结构。另外，早期成岩的地层，其储层孔隙度发育常受制于地层界面的性质，甚至地层界面对孔隙发育的正面影响大于地层埋深的负面影响；不同之处在于，二者早期成岩的条件有所差别（即岩石的某一成因特性，常附着于测井曲线的某一共性表象）。①温度与结晶的差异，使同一时期火山岩的物质更均一，其测井曲线响应较之碳酸盐岩更加趋于光滑。②二者的地层结构也有明显差异。其中碳酸盐岩的成层性受制于沉积水动力演化特征，其测井特征表现为块状结构，常与薄层结构交互，或以一种结构为主。而火山岩的地层结构则主要以厚层块状结构为主。③成岩作用不同，使二者测井曲线的一致性差别很大。沉积作用的结果，使碳酸盐岩储层的3条电阻率测井曲线与3条孔隙度测井曲线（声波、密度和中子）及自然伽马测井曲线的变化多具一致性。而受火山岩作用的影响，火山岩自然伽马曲线所记录的放射性特征，与电阻率及孔隙度测井曲线，常表现出各自的规律性，不具有变化的一致性。因成因机理不同，测井曲线响应是否具有一致性，可能是水成岩与火成岩测井响应的主要地质专属性区别之一。

碎屑岩具晚期成岩的特点，其测井曲线的地质专属响应与前两者区别巨大。如测井曲线能较灵敏地记录地层压力和应力，而前两者无法实现或尚未发现。因此，测井曲线记录碎屑岩地层的压力与应力特征，是其特有的测井地质专属响应之一。另外，碎屑岩储层的孔隙发育特征也不同于前两者，①大多数碎屑岩储层孔隙度的发育受埋深影响最大；②除不整合面因素影响外，深层碎屑岩储层孔隙度的发育与一般地层界面的关系很小，但与地层异常压力或次生孔隙等事件因素关系较大。

第二节　成岩物质与测井地质属性研究

不同岩性具有不同的成岩物质基础。测井曲线捕捉的明显不同，就是岩石骨架特征或成岩物质的突变关系。测井曲线内含的成岩物质基础差异，分别构成不同成因岩石的一种地质专属性。

在各种岩性中，火山岩的成岩物质基础受制于地壳或地幔的物质来源。测井曲线能反映的某类火山岩岩石骨架，不一定是一个定值，它与物质来源的矿物组成有关，因此不同地区的火山岩，即使岩石命名相同，其岩石骨架也可能差别很大。这与火山岩原地建造的成岩特性及物源组成差异有关。另外，火山岩的来源不同，其岩石的物质序列就不同，岩性中二氧化硅含量的有序变化，就是其岩石物质序列变化的一种表现形式，这种变化与其岩石的放射性恰巧相关，使自然伽马测井曲线由低到高，分别对应基性至酸性火山岩，形成火山岩的一种测井地质专属响应。电阻率测井曲线则可能记录火山岩的成岩或结构信息，与沉积岩不同，它与自然伽马之间难有一一对应的变化。

除岩屑或混积等因素外，每一种沉积岩的岩石骨架基本固定，这可能与沉积岩的搬运特性或特殊生物化学成岩环境有关。在沉积岩中，碳酸盐岩的岩石骨架可能与海平面变化关系紧密，碎屑岩的岩石骨架可能与矿物的搬运距离及沉积水动力的强弱关系密切。其中，海平面的变化总体上决定了形成碳酸盐岩的生物化学环境，海平面由低水位向高水位演化时，其岩性分别由灰岩向白云岩和石膏过渡，其岩石骨架密度分别为2.71g/cm^3、

2.87g/cm³ 和2.98g/cm³，表现出由低逐步变高的特点，形成碳酸盐岩的一种测井地质专属响应。另外，当地质背景不同，碳酸盐岩的岩性及其物质成分也各有不同。例如图4－1和图4－2中，即使同为灰岩，在海退时期为纯碳酸盐岩的演化，其电阻率曲线变化很大，在海进时期因大量陆源物质加入，其电阻率测井曲线的变化比较稳定，且同时具有砂岩与碳酸盐岩的响应特征。

碎屑岩搬运距离的远近决定了岩石抗风化能力的强弱。因此，搬运距离决定了碎屑岩岩石骨架变化规律的测井地质专属响应：搬运距离较远时，其成岩物质主要为强抗风化的石英，测井曲线可识别的储层岩石骨架为石英骨架，为稳定的单一岩石骨架；搬运距离很近时，其成岩物质中含有大量抗风化能力很弱的岩屑，此时的岩石骨架为多种矿物混合而成的骨架，这种骨架具有多变特征。另外，碎屑岩重力分异的成因特点，也使其岩石颗粒按照水动力迁移方向有序变化，这种岩石粒度有序变化又与自然伽马放射性的变化恰巧完好相关(与火山岩的规律大不相同)，构成了碎屑岩的一种测井地质专属响应。因此，碎屑岩的测井曲线是对地层旋回性记录最准确的曲线。

通过上述分析可以进一步推测，岩性不同，则其骨架变化规律明显不同，与成岩物质相关的物质来源、搬运状态及生物化学环境不同，测井曲线的地质专属响应也肯定不同；成岩物质的突变与渐变组合不同，其测井地质专属响应所指代的地质意义也各有区别，具有重要的研究价值。

第三节 成岩温度与测井地质属性研究

成岩温度同样造成测井专属响应的差异。图4－9已充分说明，温度是岩石成因的条件差别之一，也是区分不同岩性的依据之一。比较火山岩与沉积岩的特点可知，高温成因的岩性物质均匀，但火山岩因原地建造，缺乏对岩性的筛选。由于其物质均匀，所以相同地层的测井曲线比较光滑(见图7－1)，这种光滑特征以记录成岩和孔隙结构的电阻率曲线最为明显。由于缺乏对岩性的筛选，所以可能造成岩石的放射性与声学特征及电阻率特征难以协调一致，形成不同原理的测井曲线记录难以一一对应的特殊现象，该现象与沉积岩的测井曲线响应具有鲜明区别。沉积成因的岩性与火山岩相反，具有物质不均一但岩性得以搬运、筛选的特点。由于其水动力条件的不断变化，物质的不均匀，使其相同地层的测井曲线或多或少可见明显的齿化。由于岩性的搬运与筛选，加之水动力搬运对岩石颗粒的分选，使其岩石的放射性、声学特征及电阻率特征总体变化一一对应。

第四节 沉积相、成岩相与测井地质属性研究

沉积相是沉积物的生成环境、生成条件和其特征的总和。成岩相是在成岩与构造等作用下，沉积物经历一定成岩作用和演化阶段的产物，包括岩石颗粒、胶结物、组构、孔洞缝等综合特征(邹才能，2008)。它们也是影响最终测井地质属性的根本原因之一(皮尔森

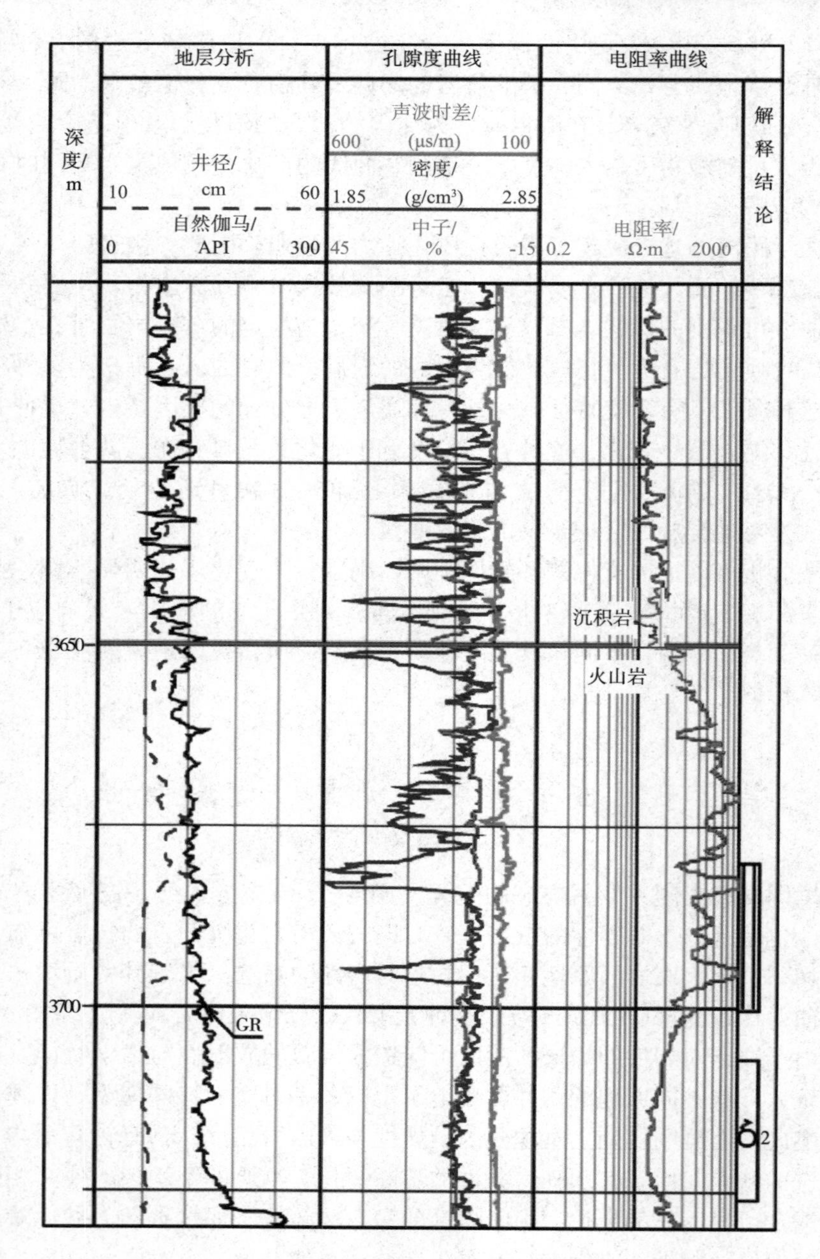

图 7-1　松南气田沉积岩与火山岩的测井地质专属性识别

在 20 世纪 60 年代所提出，测井曲线识别沉积相模式的本质就是建立碎屑岩储层的测井地质属性模式）。不同岩石测井地质属性也必因其成岩相的差异，而表现出不同的结构特征。

以酸性火山岩的爆发相与溢流相为例（见图 7-2），其不同相态的结构决定了测井曲线响应的最终结构。其中，爆发相的岩石堆积结构主要由两部分构成（见图 7-2 界面 1 之上）：①火山喷发初期，强劲动力引起的岩石喷出地表又空落堆积部分；②火山喷发动力

逐步减弱，形成的热碎屑流堆积部分。前者为岩石角砾或浮石等物质，其杂乱堆积使这一部分的测井曲线相对齿化，浮石或岩石角砾间的孔隙相对发育，使3条孔隙度测井曲线可见孔隙发育特征，喷发期的有效储层多发育于此，成为油气勘探开发的重要目标；后者因火山凝灰质增多，测井曲线总体稳定，3条孔隙度曲线稳定而变化不大。由此可知，喷发相的二元结构在测井曲线上可见清楚的二分特征。

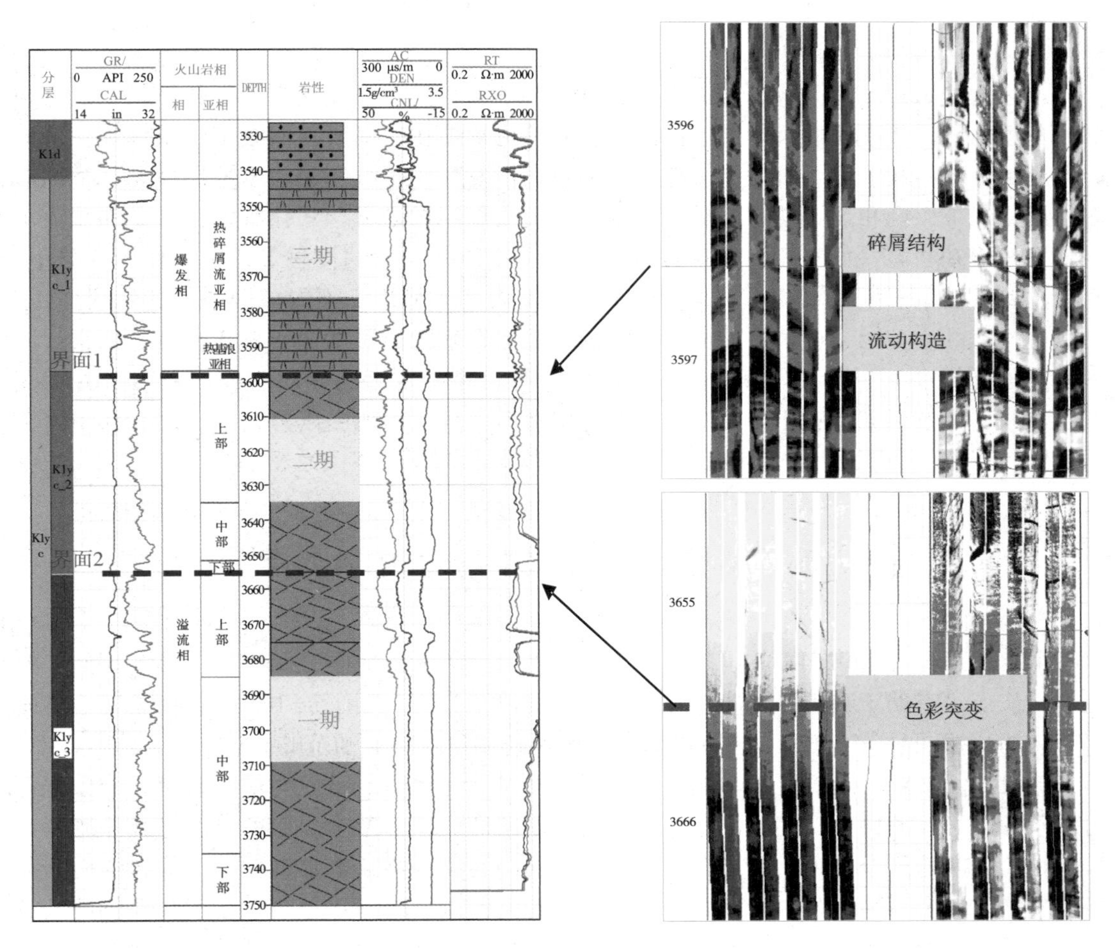

图7-2　松南气田成岩相与测井地质属性关系分析图

溢流相的岩石堆积主要由3部分构成(见图7-2界面2之上)：其孔隙分布特点，基本决定了这3部分的堆积结构与测井地质专属性的识别关系。在溢流相底部，孔隙发育少，电阻率具有中高阻特征，且介于溢流相中部与溢流相上部的电阻率数值之间；溢流相中部因孔隙几乎不发育，而具有异常高阻特征；溢流相上部因接触地表，孔隙很发育，故电阻率最低，且3条孔隙度测井曲线见明显孔隙发育，溢流期的有效储层多发现于此，成为油气勘探开发的重要目标。由此可知，溢流相的三元结构在测井曲线上具清楚的三分特点。

同理类推，碳酸盐岩的礁滩相与潮坪相以及碎屑岩的河流相与湖泊相等，不同相态的结构均决定了测井曲线响应的最终结构。因此，一旦弄清岩石相态的地质结构，按图索骥，完全可以推演出测井曲线对应信息的结构，成为识别测井地质专属性的要因，进而可以利用测井曲线推测地质事件及其演化的全部过程。

第五节 物性特征与测井地质属性研究

除去构造因素，不同成因的岩石因成岩条件不同，其岩石物性特征也各不相同，从而构成各自的测井地质属性，这些不同的地质属性也常被孔隙度测井曲线记录或体现。从成岩作用看，早期成岩作用背景下，地层界面对物性发育的影响一般大于地层埋深；晚期成岩作用背景下，则相反。从岩石成因背景看，火成作用背景下，其孔渗发育常受制于火山的喷发或流动状态，如气孔的发育常成因于火山物质与空气的接触等；水成作用背景下，孔渗发育常受制于沉积水动力、地层压力或暴露因素。另外，不同成因条件的水成作用，其孔渗发育的主控因素也各有差异。碳酸盐岩孔渗发育的储层主要依赖3个方面因素：海平面变化的高水位、强水动力条件及物源；碎屑岩孔渗发育的储层主要依赖4个方面因素：强水动力条件下的较粗岩性、较浅的地层埋深、较大的地层压力或地层含有易于溶蚀的矿物。其中，易于溶蚀的矿物(如长石等)与物源及搬运距离关系密切。

第六节 其他条件与测井地质属性研究

由上述分析可知，岩石成因条件不同，与之对应的测井地质专属响应也必不相同。根据这一认识，有助于利用测井曲线复原地质历史演化过程(见图5-10)或寻找油气地质研究所需的证据(见图5-12)，也有助于拓宽测井地质研究的认知范畴。

除上述因素外，还应存在其他岩石成因条件对测井地质专属性的重要影响。例如岩石力学条件、气候条件等，甚至也存在一些复合型条件的综合影响。如很多裂缝就可能是力学与物性因素的复合作用，但岩石成因类型不同，其裂缝特征也必有差异，其裂缝的测井地质属性也肯定不同。其中，火山岩裂缝常沿着火山口呈放射状分布，在某些部位可见冷凝收缩成因的裂缝而区别于其他裂缝特征；碳酸盐岩裂缝在某些部位可见与溶蚀孔洞显著伴生的裂缝而区别于其他裂缝特征；碎屑岩的裂缝发育与岩石或岩层之间的应力差别关系可能更密切。由于力的作用方式影响，裂缝又可算是影响物性特征的一种特殊因素。上述分析表明，不同岩石成因的裂缝发育特征也会差异很大，其深层次的研究与论证，有待测井与地质专业的深入合作。

因此，利用测井曲线研究地质属性的关键在于，识别和发现研究区(目标区)地质演化的规律性、特征性与测井信息记录的有序性、特殊性之间的内在关系。

这种内在关系的发现，需要测井技术进行3个探索：①探索地质演化特征在测井信息上的记录规律；②探索地质演化特征在测井信息上的表达方式；③探索测井信息记录各种地质事件的共性与个性特征。成因关系研究是实现这3个探索的一种有效工具。

成因基础的差异是每一类地层岩性所蕴含的最主要的地质本因。测井曲线可被视作以不同的地球物理形式，记录同一地质背景的一种载体——地质背景演化唯一，不同测井原理对其记录各异，但也极可能各自隐含对地质背景演化的特征信息，这些特征信息非常隐蔽，不经反复推理或深入研究，很难被人发现。如果能将这些不同原理的共性测量特质归因于同一地质解释，或者以固有地质成因为指导，在测井曲线上辨识出与之相关的共性特质，则有可能利用测井曲线信息还原地质事件原貌。

第八章　基于事件成因的测井地质属性研究

岩石成因和地质事件是根据地质成因研究测井曲线地质含义的两个重要切入点。本章将尝试讨论基于事件成因的分析思路。事件的结果就是影响或改变事物走向，并引发变化，重大事件的这种影响尤为凸显。它对地层关系的显著改变是地层的成因关系在此发生突变。因此，重大地质事件不可能不引发测井曲线的对应变化。

根据事件成因的影响推测，测井曲线理应记录了重大地质事件的两个特性。①突发性。事件突发，必引起地层的物质特征和堆积方式等与其他地层发生突变，测井曲线含有突变记录。②多样性。同成因事件虽机理一致，但因盆地内或不同盆地地层的形成条件不同，使测井曲线记录了形式多样的事件突变关系（见图6-1和图6-3），且这些突变关系均可归因于同一事件成因。这种突发与多样的有机统一，在测井曲线上必有附着记录与特征对应，构成识别测井曲线地质含义的依据。

因此，根据事件本身的成因机理识别测井地质属性，是利用测井地质属性还原地质事件的可能途径。其中，寻找突变关系，是根据事件成因的突发性，辨别其测井地质属性的关键依据；寻找测井地质属性记录的多样性关系，是利用测井曲线系统还原同成因地质事件的重要线索。二者构成基于事件成因的测井地质研究方法。当然，利用测井曲线研究地质问题需站高望远，深谙地质背景的测井评价，才有可能获得正确的测井认识，否则难免陷入困境。

第一节　地质事件与测井曲线的因果辨别

如果把地质事件比作一段历史，那么其特征必外显于某类现象，却内隐于事件之始终，并在该段地层的不同侧面留下特征痕迹。这些痕迹被测井曲线以地球物理形式记录，并隐含于曲线形态之中。可见，只要地质事件在地层中留下痕迹，则它与测井必然存在因果记录，但对这因果记录的认知极其困难。

利用测井曲线辨识地质事件主要有3个难点：①理论基础缺失。导致利用测井曲线识别地质事件的方法局限且不系统。②地层组合关系复杂多样。如果不了解地质事件的本质，则研究者易坠入迷局。③测井曲线记录的隐蔽性与事件本因的抽象性。

根据因果响应，利用测井曲线辨别地质事件有3个关键：①找到与地质事件成因机理吻合的曲线突变关系；②识别记录地质事件的专属测井响应；③厘清地质事件的共性本因

与个性条件之间的内在关系。

任何地质事件都有其原理或学说，一般性原理主要描述事件的共性本因，加以利用，可推测测井地质属性的宏观特征。每一具体事件又因环境、条件不同而具有个性差异，穷究其理，可推理测井地质属性的特殊变化。对事件的共性研究可指认事件类别，对其个性条件研究则有助于发现证据、追踪目标及地质预测，为油气赋存特征及含油气丰度研究提供依据(见图6-2)。

如将地质事件大致分为构造事件、沉积事件和其他事件可发现，借助事件成因，有助于指认测井地质属性。反过来，根据测井地质属性的系统研究，又有助于认清每一个事件及其与油气赋存的内在关系。

第二节 基于构造事件的测井地质属性研究

很多构造事件是重大且具有决定性的地质事件，其特征在地层宏观与微观层面均有体现。其中，宏观层面的突变可能多与该事件的共性因素有关，微观层面的突变可能多与该事件的个性因素有关。不同尺度的测井曲线均可能记录了与构造事件有关的测井地质属性，为识别构造事件的性质及其对地层演化的影响提供依据。根据现有资料研究，可大致从5个层面研究基于构造事件成因的测井地质属性。

一、地层厚度关系的变化识别

许多构造事件的一个重要特征是引起地层厚度的变化，如地层缺失或重复。对于地层的重复，根据逆断层成因机理，利用测井信息地质属性的相似性识别，找到相同地层的测井地质专属特征，可作为判断逆断层的主要依据。如文莱M区块的构造识别即是一个典型案例。

文莱M区块为一中介公司推荐的项目，是作者曾评价过的风险区块。该区块地处东南亚地区。位于欧亚、印度洋—澳大利亚、太平洋三大板块交汇处，具体位于Baram三角洲盆地中，由于三大板块的相互作用，使该区地壳受到多方面的构造应力，成为世上少有的复杂构造区。Baram三角洲盆地演化开始于晚白垩系，南中国海洋壳向Borneo大陆(加里曼丹)西北陆缘之下的斜向俯冲，俯冲的驱动机制导致Borneo逆时针旋转，到早渐新统，Borneo逆时针旋转结束，经过早—中中新统，整个洋壳俯冲消减到增生陆壳之下(见图8-1)。南中国海陆壳边缘与Borneo陆块碰撞，导致大陆碰撞变形、抬升和剥蚀作用。

研究区地质背景非常复杂，发育逆断层。于20世纪初开始勘探，钻井19口，其中18口井属于B油田，这说明该地区研究历史已很长。但拿到课题时，才发现资料极度稀缺。其中地层对比所能参考的，仅为一张BP公司绘制的地层剖面图(见图8-2)和18口井的测井曲线，未见任何分层数据。因此，地层对比与地震解释只能在缺乏前人研究基础的前提下不断摸索前进。

由于无任何分层数据，依靠唯一的地层岩性剖面图寻找测井地质属性，是地层对比的首要难题。根据剖面图所示的岩性韵律，将推测和定义砂体的测井地质属性作为首选。

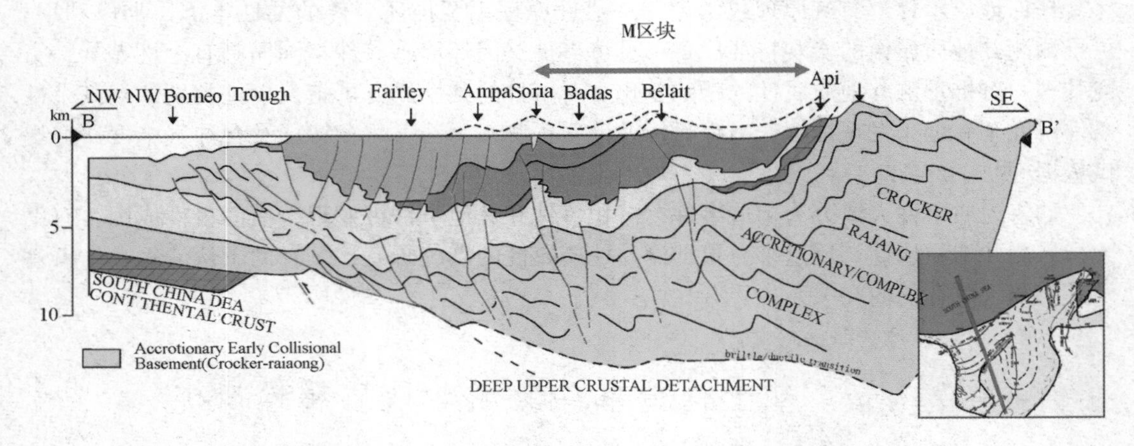

图 8－1　文莱 M 区块剖面图(据中介提供资料)

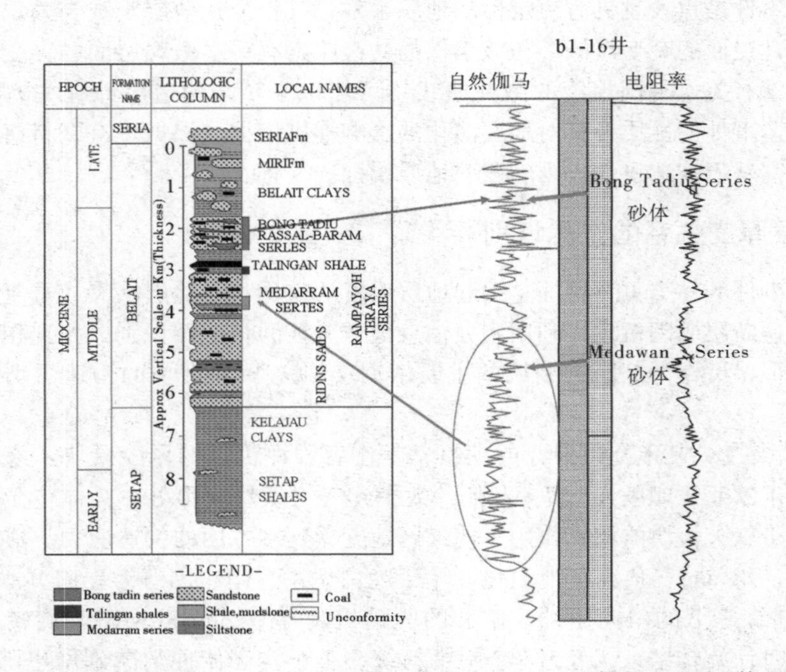

图 8－2　M 区块 Bong Tadiu Series 砂体、Medawan Series 砂体及 Ridan 砂体识别图

研究该地层剖面图发现，主力地层(Belait)的 3 套砂体具有各不相同的个性特征，上部 Bong Tadiu Series 砂体以反旋回沉积为主，沉积水动力变化很不稳定，岩性以砂泥岩互层为特征，推测其测井曲线齿化较严重；中部 Medawan Series 砂体基本以连续的反旋回沉积为主，岩性以砂岩为主要特征，推测测井曲线较之上部 Bong Tadiu Series 砂体偏光滑，砂体的旋回特征虽相类，但区别二者的关键在于，它是齿化的薄互层，还是较光滑的连续沉积；下部 Ridan 砂体以连续的正旋回沉积为主，推测其测井曲线较为光滑(见图 8－3)。

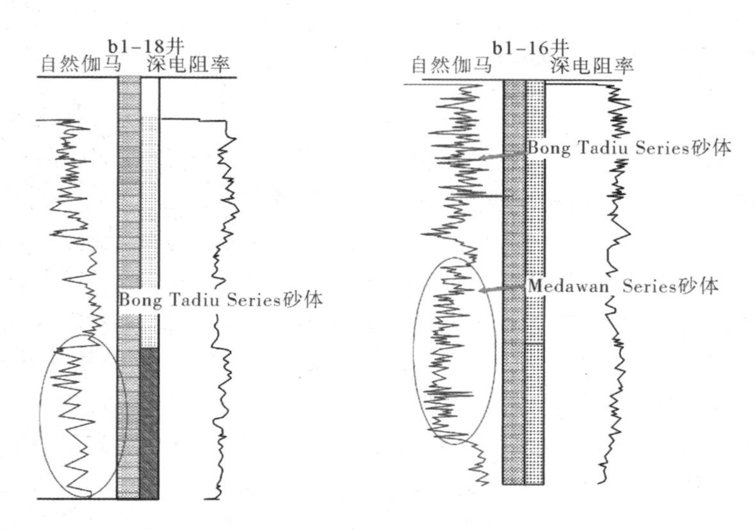

图 8-3　M 区块 Bong Tadiu Series 砂体和 Medawan Series 砂体的测井分析图

根据该区块 Belait 地层 3 套砂体的测井地质属性研究，辨别出 Bl-16 井逆断层的地层重复现象(见图 8-4 左侧)，为地震标定及识别逆断层提供了依据，图 8-4 右下部为 Bl-16 井逆断层的测井识别与地震标定效果图。图 8-4 右上部为偶然发现的该井构造模式图，该图的细致程度远高于本次地震标定结果，显然为数据与资料齐全的精细认识，但本次地震标定的格架与之基本吻合。这充分证明，在前人成果极度匮乏的条件下，仅凭地质事件的个性成因所推断的测井地质属性，也能作出较准确判断。

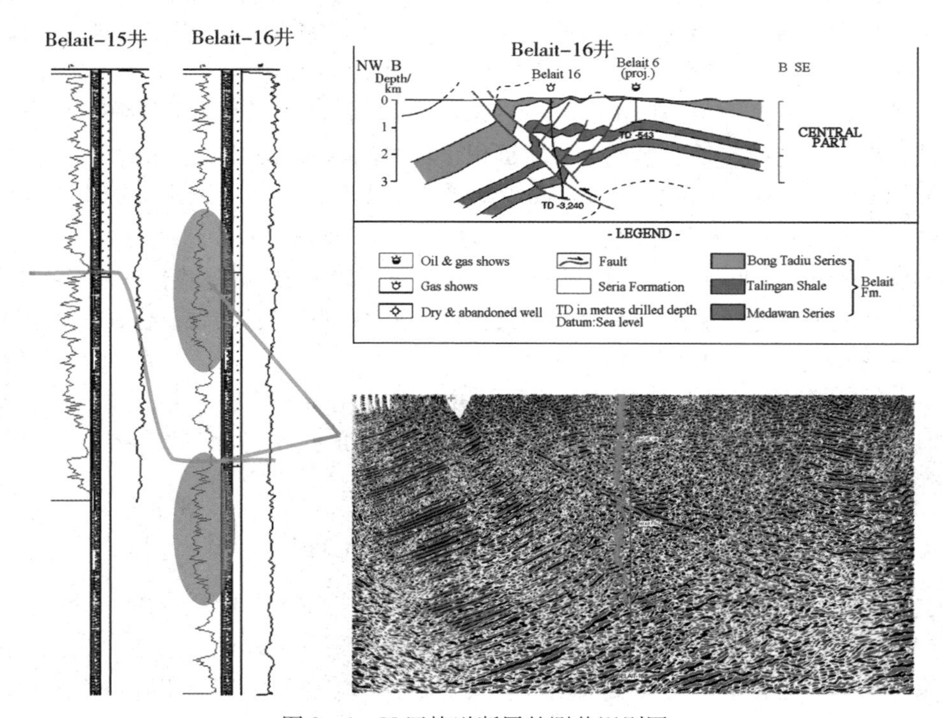

图 8-4　M 区块逆断层的测井识别图

二、地层沉积频率等因素的变化识别

构造变动前后，地层的多种性质发生改变，如沉积频率、速度及沉积水动力条件等常有重大变化，并被测井曲线记录。这种重大成因变化关系，也能在测井曲线中找到对应变化，且构成合理解释，成为识别构造事件的专属性信息。中石化东北分公司SW油田登娄库组和泉头组之间的构造变动即是一个典型案例，该变动为断陷晚期—断坳过度期的构造事件。

SW油田位于松辽盆地东南隆起区LS坳陷SW断陷东北部，是一被多条近南北向断层切割的破碎背斜构造。SW断陷是松辽盆地东南隆起区断陷期持续最长、地层发育最为齐全、沉积最厚、埋深最大、有机质演化程度最高的断陷盆地。该断陷中央构造带是受营末、登末及嫩末运动叠加改造而成的大型褶皱构造带。断陷自下至上共发育火石岭组、沙河子组、营城组及登娄库组，为深湖—半深湖及滨浅湖相沉积；泉头组为断陷晚期—断坳过度期沉积，沉积物披覆在断陷期构造上，属浅湖—泛滥平原相沉积。

事件发生突变，则不同成因地层的接触关系必有巨变。且同一成因地层所具有的特征，一定在该地层内部趋同，并与其他成因地层迥异。这些差别可根据事件的成因差异推测，并在测井曲线上表现为某种测量现象——事件突变面附近可见测井突变组合、突变面上下的测井曲线内含各自地质事件的特征痕迹，上述所有变化均与不同事件的各自本因构成合理解释。

图8-5为SW油田登娄库组和泉头组之间构造事件及地层界面的识别分析图。在该图中可见清晰的测井突变组合，两套地层可找到5个明显不同的测井地质属性。

(1)根据构造变动可预见的地层沉积频率变化。登娄库组地层(红线之下)具高频沉积特征，其自然伽马和电阻率曲线均具砂岩包夹泥岩且快速转换的特征；而泉头组地层(红线之上)的沉积频率发生突变，其砂、泥岩的转换频率明显放缓。

(2)构造变动可预见的沉积相突变。登娄库组砂岩地层多见反旋回沉积，这与滨浅湖沉积有关。而泉头组砂岩地层多见正旋回沉积，具河流相的沉积特征。

(3)构造变动可预见的沉积水动力条件突变。登娄库组顶部的强水动力沉积至泉头组底部变弱，测井特征由“砂包泥”变为“砂泥间互”。

(4)构造变动可预见的物质组构突变，该突变隐含为泥岩测井信息的基线突变。一方面，登娄库组的泥岩电阻率基线明显高于泉头组；另一方面，界面处声波曲线的泥岩基线错位表明沉积物质的组成发生改变。

(5)构造变动引发的工程测井信息突变。井径曲线主要用于检查钻井质量，井径曲线突变有时绝非偶然，而是地质内因起作用，登娄库组的顶部泥岩含砂高，钻井质量好；泉头组底泥岩较纯(含砂很低)，钻井多见明显的扩径现象。

三、沉积相与沉积旋回的变化识别

构造变动前后，沉积相与沉积旋回常有突变联动，并被测井曲线记录，成为识别构造事件突变的专属测井信息。构造事件引发的地层突变与测井曲线记录的响应突变，既具有对应关系，又可用地质成因的突变机理解释或推理。因此，根据构造事件的突变成因，可以寻找与之相关的测井地质专属信息。反之，发现了测井曲线上存在沉积相与沉积旋回的

联动突变，又可复原构造事件。上文 SW 油田登娄库组和泉头组间构造事件及地层界面的识别已很好地进行了佐证。

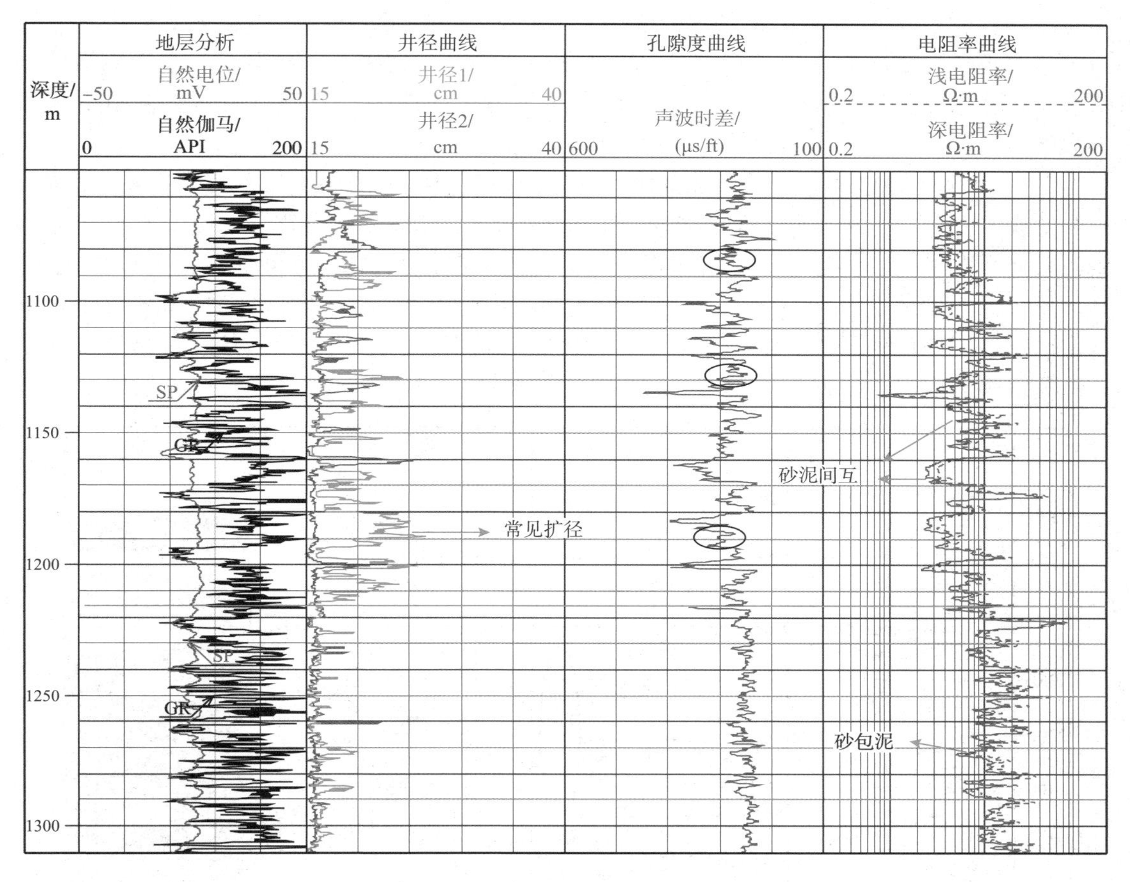

图 8－5　SW 油田登娄库组和泉头组间构造事件及地层界面识别分析图

四、岩石类型及岩石矿物含量变化的识别

构造变动常引发岩石类型及岩石矿物含量的突变，因此成为根据事件成因发现、识别测井地质属性的重要线索，并有助于找到构造事件的测井专属信息。例如在拉张背景下，因水体突然加深造成静水沉积，该事件突变面之上多见稳定的细颗粒泥岩沉积，亦可见正旋回的浊积物与之构成地层组合，测井曲线必有其专属记录；在隆升背景下，因快速近源造成混杂堆积，该事件突变面之上常多见长石、岩屑与石英等混杂于地层中，导致岩石矿物含量改变，测井曲线也必有其专属记录。

上述专属测井响应易被测井评价忽视，究其原因，在于测井专业长期养成的地球物理思维习惯。其知识结构的缺陷在于缺乏宏观视角和成因推理习惯，使测井认知存在盲点。根据构造事件成因，完全有可能推导出与其相关的测井专属响应，反之，通过发现测井专属响应，亦可反推构造事件。鄂尔多斯盆地太原组与山西组之间，山西组与下石盒子组之间的构造隆升事件可以佐证。

研究表明，大牛地气田在太原组与山西组界面之上有一构造隆升事件，该事件对储层沉积改造很大。其背景如下：华北早古生代克拉通盆地于晚奥陶系整体抬升后，寒武—奥陶系碳酸盐岩遭受长达110Ma的风化剥蚀，至晚石炭系早期近准平原化（太原组时期）。当时华北板块南北缘的构造格局使克拉通南北两侧翘升，北缘是阴山隆起，南部为秦岭—伏牛—大别—胶辽隆起，西部有杭锦旗—环县低隆起，向西隔贺兰海湾与阿拉善相望，东为大洋，呈向东敞开、东高西低的箕状盆地。

图1-2清楚地说明，研究区北部阴山隆升使山西组沉积地层中的矿物类型发生巨变。该突变在测井曲线上可找到专属地质响应：推理认为，准平原化的背景，使太原组砂岩得到比较充分的搬运、分选，其地层岩性以石英砂岩为主（地层岩屑含量少）；阴山的快速隆升，使山西组地层岩屑和长石含量快速增加，从图8-6可以看出，岩屑的大量增加，导致山西组砂岩地层中子测井值比太原组砂岩地层明显增高（见表1-2）。这一专属于岩石类型巨变的测井响应，也成为区分两套地层的重要佐证。

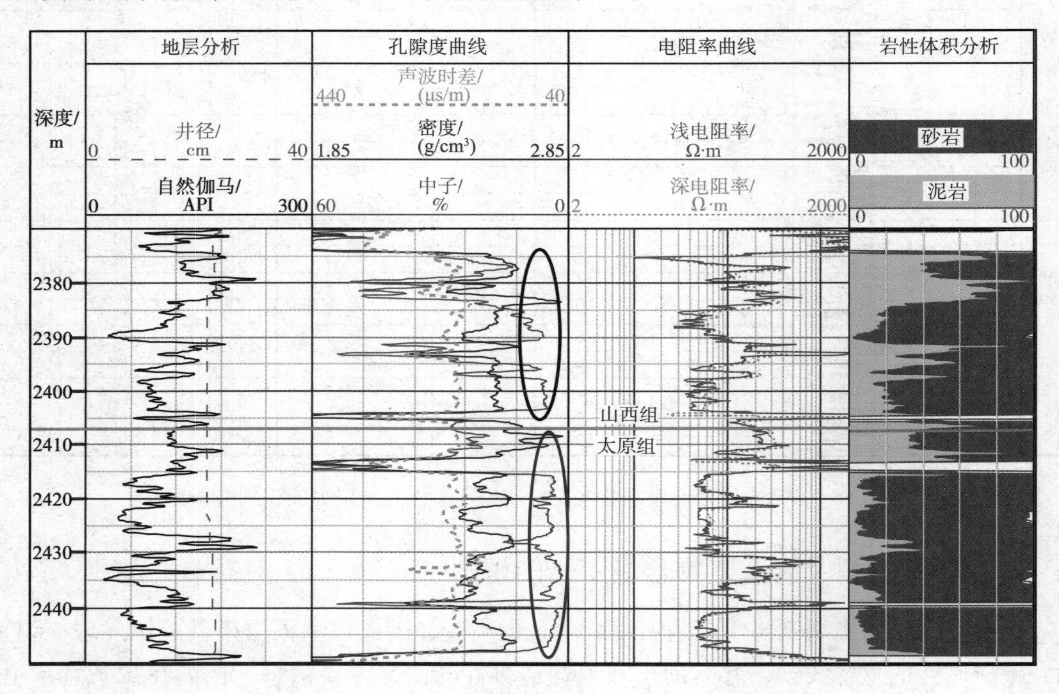

图8-6　D47井太原组与山西组地质界面识别图

五、岩石内部物质成分改变的识别

构造变动前后，岩石内部的物质成分可能随之而变，成为指认构造变动和识别地层的重要佐证。因此，根据构造变动的成因机理或条件，有意识地寻找与岩石物质成分变化有关的测井地质属性，对于指认构造变动或研究构造事件的特征，有重要的参考价值。这一分析思路，对复杂、隐蔽储层或海外缺少资料的风险区块评价尤为重要。中石化澳大利亚某风险探区未知地层的识别就是一个典型例子。

V1井位于澳大利亚西北大陆架，钻于Bonaparte盆地西部Vulcan次盆内部的背斜高

点，研究区早中侏罗系至早白垩系钻井揭示的地层主要有 Plover 组、montara 组、Lower Vulcan 组、Upper Vulcan 组、Echuca shoals 组和 Jamieson 组等多套地层。在次盆东部的高台阶部位钻井近 20 口，均钻遇中侏罗系 Plover 组的厚层砂岩地层(见图 8-7)。该砂岩也是 V1 井钻探目标，但钻至 3400m 的设计井深时，意外发生：地层只见泥岩，不见砂岩，继续钻进 1000m，仍全部是泥岩，引发了中外投资方的激烈争论，地层归属成为下步决策的焦点，钻机不能等人，怎样快速准确地判断地层归属成为迫切要求。

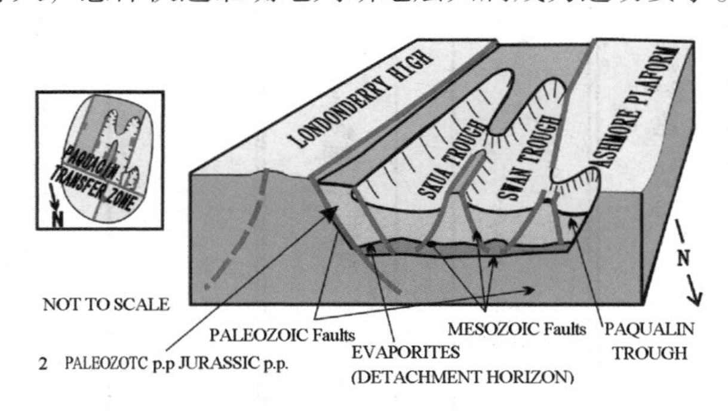

图 8-7 V1 井构造背景模式图(据国外收集资料)

(一)地层对比及沉积相研究

地层对比识别出 3 套标志层：Jemieson 组底的不整合面、Lower Vulcan 组顶部厚度大于 100m 的灰质泥岩及东部垒台区 Plover 组顶部不整合面。上述标志层放在连井剖面和地震剖面上进行追踪，均表现出良好的一致性，表明地层对比的结论正确可靠。

历年的沉积相研究表明，中侏罗系 Plover 组为河道-三角洲沉积背景，是典型的浅水沉积特征；晚侏罗系 Lower Vulcan 组发育海相页岩和局部的海底扇，为深水沉积特征。

测井曲线研究表明，Plover 组与 Lower Vulcan 组地层存在不同的测井地质属性：①测井相不同。Plover 组为厚层“箱形”砂岩，自然伽马值低且平稳、光滑；Lower Vulcan 组发育厚层泥岩，自然伽马值高且平稳，大段的厚层泥岩中，往往难见薄层砂岩。②物质组成有所不同。Plover 组的沉积地层中，测井曲线上难见钙质薄层的发育；Lower Vulcan 组的沉积地层中，测井曲线则常见钙质薄层的发育，这说明，造变动引发了物质组成的变化，成为各自的测井地质专属信息(见图 8-8)。

以上两点，是利用测井曲线区别两套地层的较为明显的证据。

(二)新钻探井 1000m 泥岩的地层归属分析

根据测井地质属性研究，认为 V1 井 3400m 以下钻遇的 1000m 泥岩应归属于晚侏罗系的 Lower Vulcan 组地层。测井证据有 3 条：①地层环境证据。V1 井 1000m 泥岩的电阻率曲线低平且稳定，指示深水沉积环境，与 Lower Vulcan 组发育海相页岩相吻合。②物质组成证据。1000m 泥岩的声波时差上清晰可见多个钙质薄层，该测井属性的物质含义与 Lower Vulcan 组接近。③地层时代证据。1000m 泥岩中，见不到砂岩或薄层砂岩沉积，这也成为反证：由于东部垒台区 Plover 组是典型的浅水沉积，即使与本井发生很大的沉积相变，在较深水区的 Plover 组，该地层强水动力搬运而来的砂岩也理应冲过断层，或多或少地沉积于此，而此处无砂石沉积，证明二者并非一个时代。

而后，外国合作公司提供的孢粉分析进一步佐证，这段泥岩属于晚侏罗系地层，与本结论一致，为该区块的下一步勘探提供可靠依据。

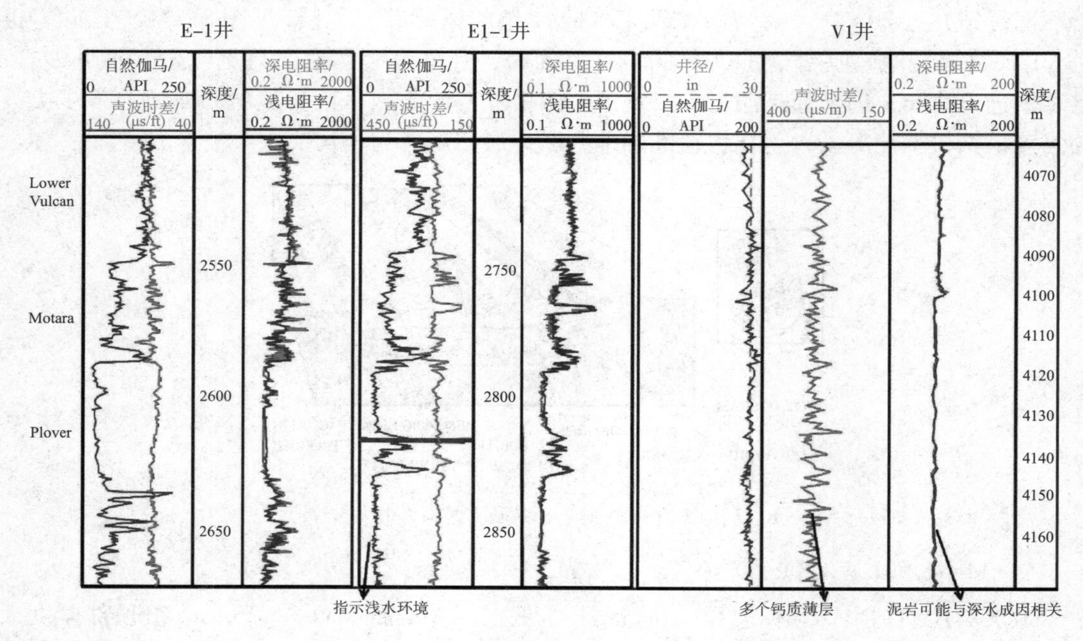

图 8－8　未知钻遇地层的测井地质分析图

第三节　基于沉积事件成因的测井地质属性

沉积事件促成了物质的堆积结果。根据沉积物质堆积条件的成因推究，其不同特征在测井曲线上必然留下自身独特的印记，从而成为发现和分析测井地质属性的线索。例如沉积演化及其能量变迁因素，在测井曲线上的主要印记是某些曲线旋回及其节奏的变化响应；又如沉积事件的改变，常引起岩石及其矿物成分发生很大变化，这些变化被测井曲线以隐蔽的、混合岩石骨架的方式记录；再如相似沉积事件的成因差异，必与其各自沉积条件的特殊性有关，测井曲线对不同沉积条件的特殊性留有印记。可以说，每个事件都是独特的，只要研究深度足够，都有可能找到与其独特性相关的测井专属响应，构成识别该事件的测井地质属性。

另外，根据沉积事件成因反推测井地质属性，同样难以离开共性与个性的关系分析。二者的关系决定了测井曲线响应的两个方面。其中，共性因素决定事件区间内测井曲线的基本形态。如一般意义上，心滩沉积的基本形态为“箱形”；个性因素决定事件区间内，测井曲线的特殊变化组合。如每一个具体的心滩沉积，因物质供给的特殊、气候及沉积水动力的复杂，而形成各自独特的测井曲线组合形态（见图6－2）。因此，研究测井信息的共性特征，有助于判别沉积事件的类别归属，而研究测井信息的个性特征，有助于还原沉积事件的成因条件，对于复杂或未知地层的沉积事件研究，后者更为重要。

根据沉积事件推演测井地质属性，其最根本的依据还是岩石成因机理。所有表象因素的基础都是沉积事件本身的岩石类型成因。根据沉积事件研究测井地质属性的方向可能很多，本章节主要从3个方面探讨。

一、旋回及其节奏的变化

测井曲线蕴含地质事件的特征和演化密码，地质事件规定了这些密码的基本特点，弄清这些特点的成因机理，就完全可以推测测井曲线对其记录的专属形态。以自然伽马测井曲线为例，它记录了沉积事件内部物质和能量的变化属性，其他测井曲线也从不同角度记录了沉积事件的内在属性。下面以大牛地气田下石盒子组某心滩沉积的特征为例，分析旋回及其节奏的变化特征。

心滩沉积层理比较发育，其中不同层理往往具有不同的测井曲线特征，由图8-9可知，与平行层理对应的是自然伽马齿中线平行；与板状层理或交错层理对应的是自然伽马齿中线收敛。另外，该心滩在自然伽马曲线上多次出现砂、泥交互，结合自然伽马曲线与层理的关系分析可发现，该心滩具有物质供给时断时续和沉积能量多变的特点。测井信息记录了该沉积事件的这些专属性特征。

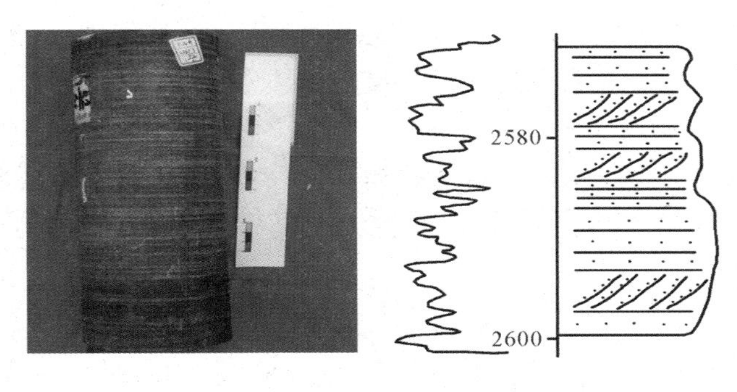

图8-9 心滩沉积的测井识别

研究沉积事件的旋回变化具有重要意义。首先沉积旋回的突变或反转，往往与地层层序演化有关，这种突变关系常有助于识别层序界面；其次沉积旋回的节奏变化，又与储层岩石结构和孔渗结构密切相关，有助于准确预测和评价储层性质；另外沉积旋回及其节奏变化研究，也有助于判断和识别沉积事件的性质和特点。

二、储层物质成分或岩石结构的变化

沉积事件的改变，常因构造、环境或气候等因素影响，造成储层物质成分或岩石结构发生变化，从而成为根据沉积事件成因寻找测井地质属性的线索；反之，根据测井地质属性推测的储层物质成分或岩石结构变化，也有助于识别沉积事件的变化。这些认识在不同成因的岩石中均可找到应用例证，图8-8为利用碎屑岩储层物质成分改变，判别沉积事件变化的典型实例；图4-3为利用沉积事件变化的成因，研究碳酸盐岩储层物质成分改变的典型实例；图2-1和图2-2为利用火山岩储层物质成分改变，判别沉积事件变化的典型实例。可见，事件与物质的隐性变化关系，在油气地质研究领域中有着潜在、广阔的应用。

三、岩性及其组合关系的特征变化

任何事件都有其独特性，即使是相似事件也可据其独特性加以区分。研究岩性及其组合关系的特征变化，目的是发现沉积事件的独有特性(排他性)，并推测其测井地质属性的重要依据，有助于准确区分相似地层，开展地层等时对比研究。对于中石化东北分公司SW油田泉一段地层的识别研究，是一个典型实例。

SW油田泉一段在宏观上为一楔形地层，其楔形尖部可识别的地层单元(油组)较少，向其加厚端过渡，地层单元逐步增多，并不断发现新的地层单元。以往钻探表明，地层的复杂变化是其油气分布规律弄不清的主要原因。2007年之后，在楔形加厚部位的新地层中，常意外钻到油气层，如何准确开展地层对比，如何在相似沉积事件中识别新地层，并进一步推测含油气新地层的发育区带，成为指导油气勘探的关键因素。

在楔形加厚端，经常钻遇的农Ⅷ与农Ⅶ油组地层因沉积微相接近，地层对比研究一直遭受困扰。根据沉积事件的条件差异分析，在农Ⅷ油组演变至农Ⅶ油组时，地层沉积水动力有所加强，以二者的个性沉积条件为指导，可推测出二者各自的排他测井地质属性：①农Ⅶ强水动力沉积的泥岩，见频繁砂质扰动；而农Ⅷ弱水动力沉积的泥岩比较纯，偶见薄层砂岩(见图8-10)。②农Ⅶ强水动力沉积使砂泥混杂，声波曲线波动小；而农Ⅷ弱水动力沉积砂泥区分较明确，声波曲线波动明显。

上述研究表明，只要找准地层沉积事件的个性特征，就有可能找到测井曲线上反映该个性特征的排他性记录，成为识别不同地层的依据。这种在测井曲线上可找到的个性特征，尤其以岩性及其组合关系的差别更为重要，且这种差别与沉积条件的个性特征可构成合理的因果解释。

第四节　其他事件的测井识别分析

其他地质事件可能是构造或沉积的伴生事件，也可能是独立地质事件，它们可能依附于构造或沉积，又可能有一定的独立性和特殊性。如压力、应力事件、生油岩形成以及油气运移等事件，根据这些事件的成因特点，完全有可能在测井曲线上找到与之对应的测井地质属性，且这些属性与事件成因之间可构成因果解释。但这些事件本身就是地质演化中较为隐蔽的事件，地质推理尚需整理线索与头绪，其测井记录又与其他地球物理响应相互纠缠、融合，识别难度较大，不经推理或仔细观察则难以识别。

研究表明，仔细寻找测井曲线的矛盾响应，以及准确认识事件成因的特殊性，是识别各类地质事件的重要突破口。其中，压力、应力事件及生油岩等，前人已有详细研究，而利用测井技术识别油气运移则论述极少，下面以砂泥岩地层油气运移的测井证据识别为例加以分析。

利用测井技术研究油气运移，首先要了解与之相关的3个基本常识。①含油层与水层的测井区别主要在于，油层电阻率一般较高，水层电阻率一般较低。②从论证分析的逻辑角度看，油、气、水运移的实质就是油气和水之间的互相驱赶。当储层以含油气为主时，

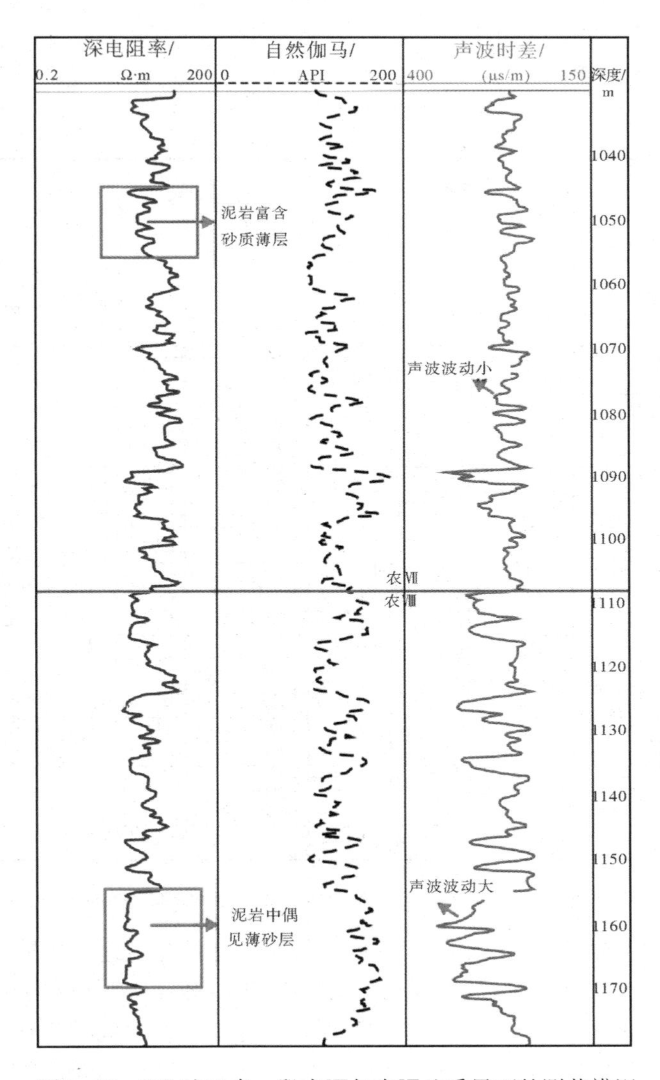

图8－10 SW 油田泉一段农Ⅷ与农Ⅶ地质界面的测井辨识

储层中依然含有部分没有被驱走的束缚水，反之亦然。③对于已发生过油气运移的储层，砂泥岩地层沉积的非均质性及地层水性质突变等现象，对测井曲线的影响可作为参考，为寻找油气运移的测井证据提供了分析依据。

根据上述分析推测，砂泥岩地层的非均质沉积，往往引起油气的非均质运移分布，即已发生油气运移的储层，油气被驱赶的程度常不均匀：其中纯砂岩储层区间，油气多被驱赶得较为彻底；而含泥质较高的储层区间，常易留下部分残存油气的测井响应，根据这些残存油气信息留下的痕迹，就可推测出已发生的油气运移事件。

图 8－11 为澳大利亚某区油气运移与测井信息响应关系分析图。分析发现，该图最左侧记录了钻井过程中钻遇大量具有油气显示的地层，其分析化验结果证实，该钻遇地层为水层。与之相对应，该图中 3507 ~ 3510m 自然伽马显示的纯岩性段电阻率最低，该段向上下过渡，储层岩性的泥质含量逐渐变高，电阻率也相应增高，该段总体上岩性较纯则油气

显示偏弱，泥质含量较高则油气显示偏好。这些测井响应与地层中油气运移的非均质性有关。当地层埋藏较浅，压实因素对测井响应影响较小时，残余油气信息的测井特征最为明显，该现象在渤海湾油气区勘探中多处可见。

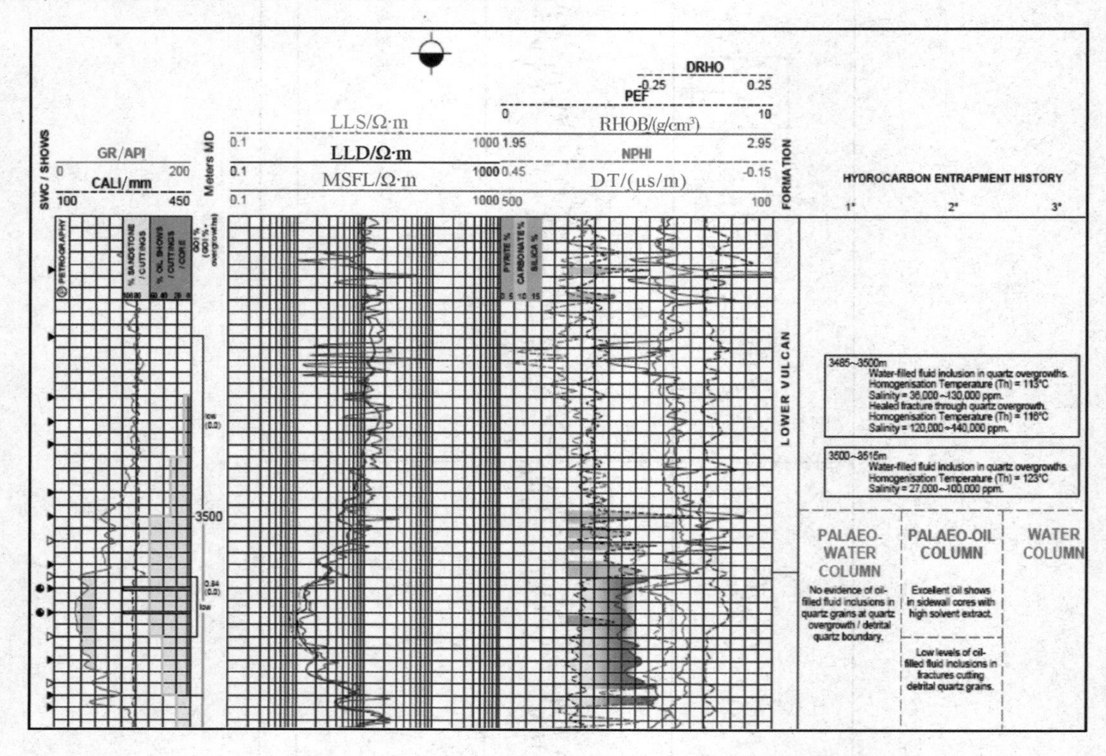

图 8-11　油气运移与测井信息相应关系分析图(据海外收集资料)

油气运移还常引起地层水信息在测井曲线上的变化差异。地层水矿化度的变化，在自然电位和电阻率曲线上有较明显的对应性变化，仔细观察，可做到准确辨识。

在地质历史时期，当发生地层水破坏油气藏，其残存油气藏的微孔喉常富含原生束缚地层水，大孔喉存储可动油气；而已驱走油气的水层则反之，其大孔喉存储的可动地层水为后期运移而来。可见，两类储层具有不同的地层水矿化度。这种油气与水的相互驱赶，在自然电位测井曲线上往往留下些许痕迹。以渤海湾油气区为例，一般早期形成的地层水具较高矿化度，晚期形成的地层水具较低矿化度，相近地层是否受到地层水破坏，在自然电位曲线和电阻率曲线上可见关联响应。

图 8-12 为 DG 油田北部某探井，该图中所示两条测井曲线分别为自然电位和 2.5m 底部梯度电阻率曲线。图中 28 号层电阻率较高，被解释为油层，但自然电位曲线的变化特征未引起解释人员注意(自然电位为正异常，表明该层的地层水矿化度较低)，虽其电阻率较高，但测试证实为纯水层；补 2 号层较薄，其电阻率值与 28 号层接近，但实际上与储层顶部钙质薄层有关(DG 油田古近系与新近系受古碳酸盐岩台地影响，在一些储层的顶底，因流动性封闭而析出钙质薄层，影响电阻率测值)。该钙质薄层也可从电阻率曲线发现端倪，底部梯度电阻率的测量原理是，电阻率极大值总是出现在储层最底部，但该层明

显可见电阻率极值上偏至储层中部，显然与顶钙电阻增高有关，由于具有渗透性部分的储层电阻率不高，故一般认为该层偏干，实际解释时将该层漏失。该层的自然电位曲线变化亦未引起解释人员注意(其自然电位曲线略呈负异常，可能与较高的地层水矿化度相关)，测试意外证实该层为高产油层。可见，自然电位的偏转属性，隐蔽地表达了地层水的变化信息，指出油气运移信息在测井曲线上留下的痕迹，利用自然电位这一变化规律，曾指导渤海湾盆地各油田发现了大量被遗漏的油气层。

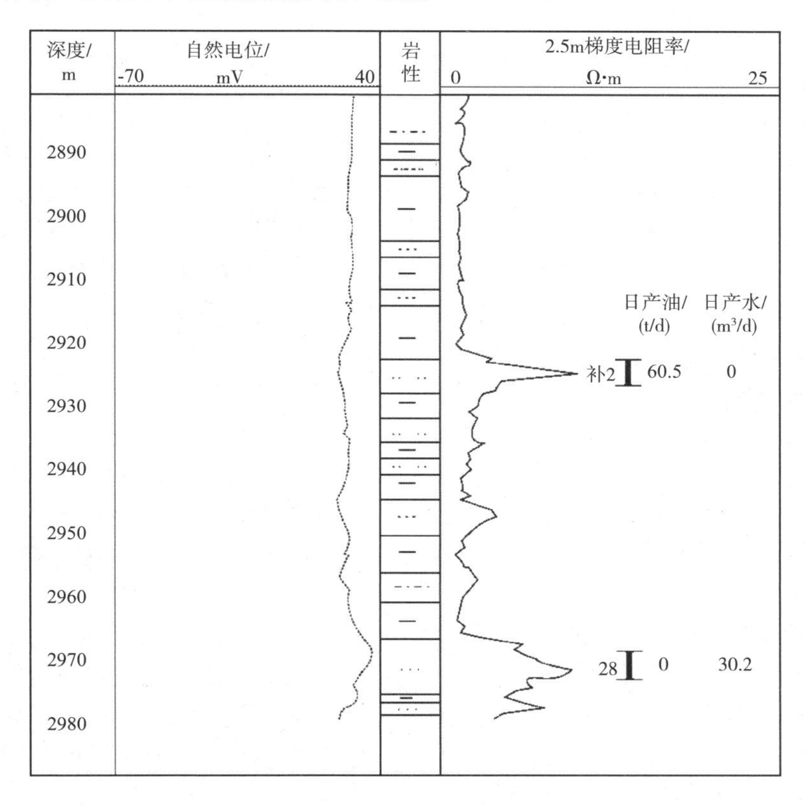

图 8-12 油气运移与地层水信息变化关系识别图

在真实的油气评价过程中，低地层水矿化度储层常测得较高的电阻率值，而高地层水矿化度储层反之，这就容易引发油水评价的一些认知假象。

测井曲线记录了地质事件的多种表现形式，但地质事件成因反映的本质只有一个，充分利用地质事件的成因关系，是识别测井曲线地质含义的一种行之有效的方法。

第九章 基于成因界面识别的地层对比研究

地层对比是油气地质研究的基础之一。基于测井技术的地层对比手段很多：如标志层追踪、沉积旋回对比及层序地层学方法等，均被证明是行之有效的。但地层变幻莫测，导致上述方法仍然存在局限，如碳酸盐岩地层的“同期异相”是被公认的世界性对比难题(等时地层的沉积相复杂多变，难以追踪)，又如测井曲线形态的相似、多解及砂岩地层横向变化的多样等问题，都给对比带来严峻挑战，一旦地层对比出现重大失误，极可能造成勘探开发的重大损失。

测井资料的地质属性原理是从本质上辨识地质事件，其目的是弄清测井曲线的地质含义，去除曲线表象的多解干扰。因此，一个成功的测井地质属性研究，也可精准对比地层。其中，地质界面的同成因识别与追踪，可视作根据事件成因研究测井地质属性的一种特殊形式，它尤其需要兼顾地质事件在地层纵向上的突变性与横向上的多样性研究(见图6-3和图6-4)，使地层对比认识丝丝相扣，因果清晰，从而成为地层对比可尝试的探索方向之一。

前期研究表明，测井曲线地质专属性的排他性特征，有助于识别特定地质事件，而测井资料的对应性研究，有助于追踪地质事件的横向成因关系。因此，综合运用测井资料的地质专属性和对应性，可从成因关系的角度识别各级地质事件(如不整合事件或一般的构造、沉积事件)，其中地质事件的突变性常把丰富的信息浓缩在地质界面附近。因此，同成因地质界面的组合关系研究，显得尤为关键。

第一节 地质事件的突变与不整合识别

一、测井技术识别地质事件的难点分析

地质事件是地下地质演化的基本单元，根据地质事件识别，研究地层对比，无疑是可行的。历年来，用测井技术识别地质事件的方法多集中于测井曲线的明显突变特征，其依据是寻找显著的测井曲线结构或差异变化，如地层倾角、沉积旋回等地层结构的测井信息突变。对测井曲线变化不明显的地质事件，则缺少理论依据和有效手段，如针对“同期异相”的地层对比问题、沉积环境变化仅造成岩性组合或岩石内部物质成分变化的地质事件等，上述方法明显受限。这就使利用测井曲线研究地质事件饱受困扰，难以施展。

测井曲线隐含的地质信息远多于已知的信息，这些尚未破译的信息是识别地质事件的关键因素。它之所以难以被认知，主要有两个原因：①学术界长期以地球物理原理作为测井研究的理论基础，这虽然有助于以数学计算见长的测井评价方法，但如果尝试采用该理论基础反演地质事件，显然是勉为其难；②人们在长期的实践过程中，偶然发现过一些测井曲线隐含的地质信息，如地层压力、生油岩及凝缩层等重要测井地质信息，但多以个案加以处理。以这些偶然发现为线索，将其内在关系升华至理论高度，则罕有人探索，殊为可惜。理论基础的偏废与一些偶然发现的个案化处理方式，抑制了测井地质学的深入发展，成为长期以来制约测井地质学应用的核心问题。

二、不整合面的识别方法探讨

不整合面是地层对比的重要界面，也是地质研究必需揭示的重要事件。如认识不清，将影响储量评估、油气田勘探开发部署(见图5-12～图5-14)及海外油气探区的投资决策(见图8-8)等一系列油气勘探开发行为的实施。

历年来，依靠测井技术识别不整合现象，主要依据地层倾角或成像测井的地层倾角变化。该方法局限性大，①对平行不整合的识别是否有效，值得深究；②在缺少上述技术的更多研究区或井点，测井技术难以施展。目前，应用其他测井资料研究不整合的文献极少。因此，探索基于常规测井技术的不整合面研究方法尤为重要。

不整合的测井地质专属性属于特征记录，其测井响应虽多具有隐蔽性，但因为突变信息主要浓缩于不整合界面附近，所以是研究测井曲线地质含义的极佳观察对象。深入研究界面附近的突变组合关系，是利用测井技术复原不整合的重要途径。另外，地质事件也理应具有共性与个性，其共性符合每一类地质事件的普遍规律，其个性则因环境、条件的差异，而具有自身的鲜明特征——个体事件的排他性因素。因此地质事件的表现形式理应具有多样性，只是人们认识大自然时，能否找到恰当的方法去系统地研究它。事实上，对于不同级别的不整合界面，界面上下的组合关系也各有差异。

同样，不整合界面的横向延伸虽然可能形式多样，但其界面上下的突变关系是明确的，成因机理的指向是一致的，这为利用测井地质属性研究不整合提供了依据。

考虑到事件地层在横向上有成因关系的可追踪性，在纵向上可找到测井记录的、与地质事件相吻合的物质突变组合(如寻找与物质成分改变相关的测井曲线变化组合)，因此，从地质成因及演化的角度，完全有可能识别出测井曲线的地质含义，为破译测井曲线隐含的未知密码提供依据。

地质是本因，测井曲线是结果，也是表象。要想透过表象看本质，必须研究地质本因与测井表象的内在关系。因此，从成因机理的角度出发，推演不同地质事件的测井响应差别，是从本质上弄清地层对比的关键。

研究表明，不同岩石的成因基础不同，其岩性和物性关系的差别巨大，故地质界面组合的识别方法也应不同。限于作者研究深度和水平，本书还难以系统梳理，所有成因岩石不整合的研究差别，在此仅以碎屑岩和碳酸盐岩的成因差异为推导，讨论两类岩性不整合的研究差异，作为上述推测的一个佐证。其他岩性的不整合面研究，可与之类比。现以油气田评价的重要地质界面为切入点，加以分析论证。

三、不整合成因差异对测井研究的影响

从构造、沉积及成岩等多方面观察，不整合事件的成因不同，其地层的微观地质也会表现出很大差别，这种差别就构成了不整合面上下不同成因地层测井曲线的密码结构，为识别各种不整合的测井曲线地质含义提供推理及研究依据。

深究测井曲线与其地质背景的关系可知，测井信息详实记录了不整合面上下地层的组合关系。比较碎屑岩和碳酸盐岩，二者成因机理具有很大差别：碎屑岩以物理成因为主，重力分异和晚期成岩是其鲜明特点；碳酸盐岩除重力分异的特点外，还有鲜明的生物化学成因特性，并具有早期成岩的特点。二者成因不同，在构造、沉积、成岩、裂缝及孔隙结构等方面，测井曲线特征的差异很大，因此，两类岩性的不整合识别和研究方法也不同。但历年来，测井行业在这方面的讨论十分罕见。

研究发现，两类不整合在界面附近的突变组合存在巨大不同。

碎屑岩鲜明的重力分异特点，使岩石按粒度有序变化，造成测井曲线的旋回变化很明确。例如自然伽马曲线能较清晰地反映岩性和粒度，其曲线旋回可明确指示岩性和粒度的变化关系，这种突变关系比较明显，构成碎屑岩的测井地质专属响应特征。利用这种旋回突变关系，可识别出不整合面上下的多种突变组合关系，如“沉积相差异组合”、“岩性差异组合”、“剥蚀残存旋回与完整旋回组合”及“物性差异组合”等，这些组合与地质演化过程中的变动关系完全吻合，是利用测井曲线研究碎屑岩不整合的重要切入点。

碳酸盐岩因生物化学特性，具有鲜明的早期成岩特点。这使其测井曲线常呈块状结构，其中自然伽马曲线已很难反映岩石粒度的变化，因而有时用它很难找到岩性与粒度的旋回特征。但也正是因为早期成岩，碳酸盐岩不整合的测井突变记录产生巨大改变，在孔隙度测井曲线上，可以找到水进期与水退期的孔、渗突变关系，界面记录的敏感性优于自然伽马曲线。其中水进时期常因孔隙不发育，孔隙度测井容易直接测量出岩石骨架值，这与水退时期，因暴露而发育孔隙的灰岩和白云岩等组成物性突变组合。这种突变关系很隐蔽，构成碳酸盐岩的测井地质专属响应特征。以这种突变组合为线索，是利用测井信息研究碳酸盐岩成因不整合的重要切入点。

另外，这些成因不同的突变关系在横向上也必然成因不同，构成利用测井信息追踪地质界面的重要依据。

第二节　碎屑岩地层不整合面的测井识别

碎屑岩地层不整合面的发育时间、上覆和下伏地层的物质组成、地层压实和成岩作用的差异等因素形成的地质突变现象，均可在测井曲线中找到对应响应。通过对各种测井资料上的这些地质突变特征响应分析，可识别不整合面。

一、根据沉积事件的改变识别不整合面

由于沉积环境的巨大变化，不整合面的上覆和下伏地层岩性发生突然改变，表现为沉

积韵律的不同甚至反向，测井相不同及测井资料上岩性组合特征突变。

图 9－1 为澳大利亚西北大陆架 Bonaparte 盆地西部某井的测井资料，该盆地有一发育时间较长的不整合面(2280m 附近)。分析自然伽马(GR)曲线可知，不整合面的上覆和下伏地层岩性发生了突变，下伏地层的测井相具有薄层反旋回沉积特征(2280～2310m)，推测可能为剥蚀残余的三角洲沉积；上覆地层的测井相具有明显的正旋回沉积特征(2270～2280m)，底部岩性突变，指示河道沉积。

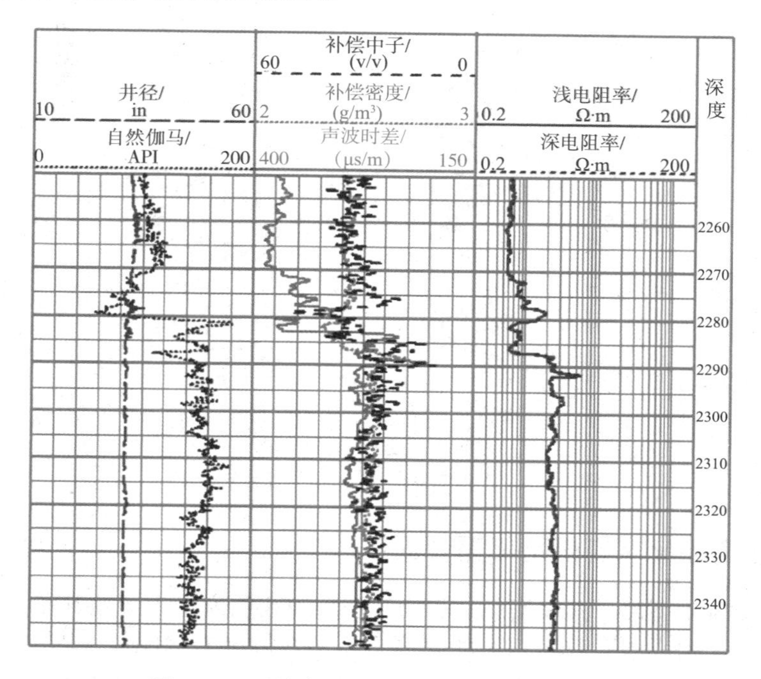

图 9－1　不整合面上下的沉积相变化关系图

研究表明，长期发育的不整合面之下常为高水位体系域残缺不全的反旋回沉积；不整合面之上常为河道沉积或水体加深的正旋回沉积。这种沉积旋回的反转关系组合，构成与沉积旋回反转相关的碎屑岩不整合测井专属响应。

二、根据地层压实和成岩作用的差异识别不整合面

长期的沉积间断，使不整合面上下地层之间出现压实和成岩作用的差异，这构成与差异压实相关的碎屑岩不整合测井专属响应。其中，声波时差测井曲线常用来计算地层孔隙度，其纯泥岩的测量值通常可反映地层压实状况，识别方法是，将同一事件期的较纯泥岩声波时差值连接，构成一条基线，不同事件期的基线延伸交会，在不整合面上下可见明显断开，断开处所指示的界面，就是不整合面上覆和下伏地层的差异压实间断面。

图 9－2 为 DG 油田 Q50 断块某井的测井资料。较纯泥岩的声波时差曲线基线(测井响应为高自然伽马和低电阻率)在 2615m 处断开，表明下伏地层的压实程度高于上覆地层，而此深度正对应 Q50 断块中生界与新生界之间的不整合面。

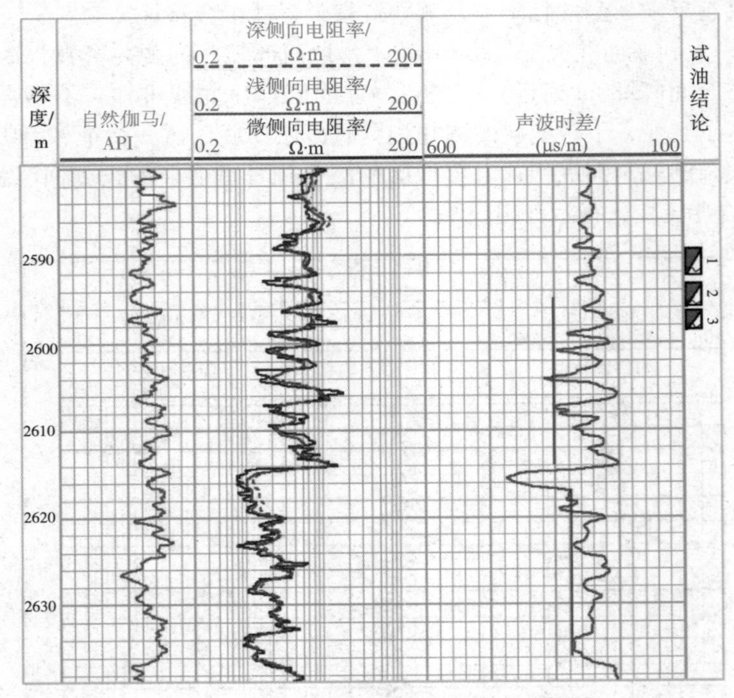

图 9-2　不整合面上下的差异压实分析图

三、根据孔隙度突变识别不整合面

不整合面经风化剥蚀，其表面的残积物常表现为孔隙度增大。尤其是泥岩，孔隙度增大现象更明显，这构成与残积层相关的碎屑岩不整合测井专属响应。图 9-2 中 Q50 断块的中生界与新生界不整合面之下的沉积为大陆冲积相沉积，顶部为泥岩，声波时差出现异常增高，表明泥岩因长期风化致孔隙度增大，发育残积层专属测井响应，这一现象在 Q50 断块中生界与新生界之间广泛出现。

四、根据剥蚀现象识别不整合面

剥蚀常导致不整合面下伏地层出现不完整的半旋回韵律，甚至是完全被剥蚀掉的韵律组合特征，与上覆地层的完整韵律构成了一种不协调的组合关系。这构成与剥蚀残存韵律相关的碎屑岩不整合测井专属响应。

图 6-4 对 DG 油田刘官庄地区利用剥蚀现象识别不整合面已有表述。该地区不整合面表现出沉积相和岩性突变的特征。在不整合面之下存在一个沉积旋回相反的沉积反转面，从 A1 井 ~ A3 井，反旋回沉积的砂体受剥蚀的现象越来越严重。在 A1 井的不整合面之下还残存少量剥蚀剩余的反旋回韵律泥岩地层，与不整合面之上的以正旋回沉积的河道砂构成突变组合。

五、根据其他突变关系识别不整合面

在不整合面上还会出现物质组成突变(可能与物源改变有关)、沉积韵律突变和地层水

矿化度突变等特征，在测井资料上这些突变特征也有相应记录。

图9－3为澳大利亚Bonaparte盆地某井的测井曲线图，在2582m深度附近可见到沉积相和物质突变现象。由自然伽马曲线可见，2582m以下为反旋回的三角洲沉积，声波测井曲线变化稳定，表明砂岩和泥岩中几乎不含钙质；2582m以上为正旋回的深水海底扇沉积，沉积相发生了突变，在声波时差曲线上可见到多个薄层尖峰，表明在砂岩和泥岩地层中夹有较多的钙质薄层。这些测井响应是识别沉积物质组成突变的测井专属响应。

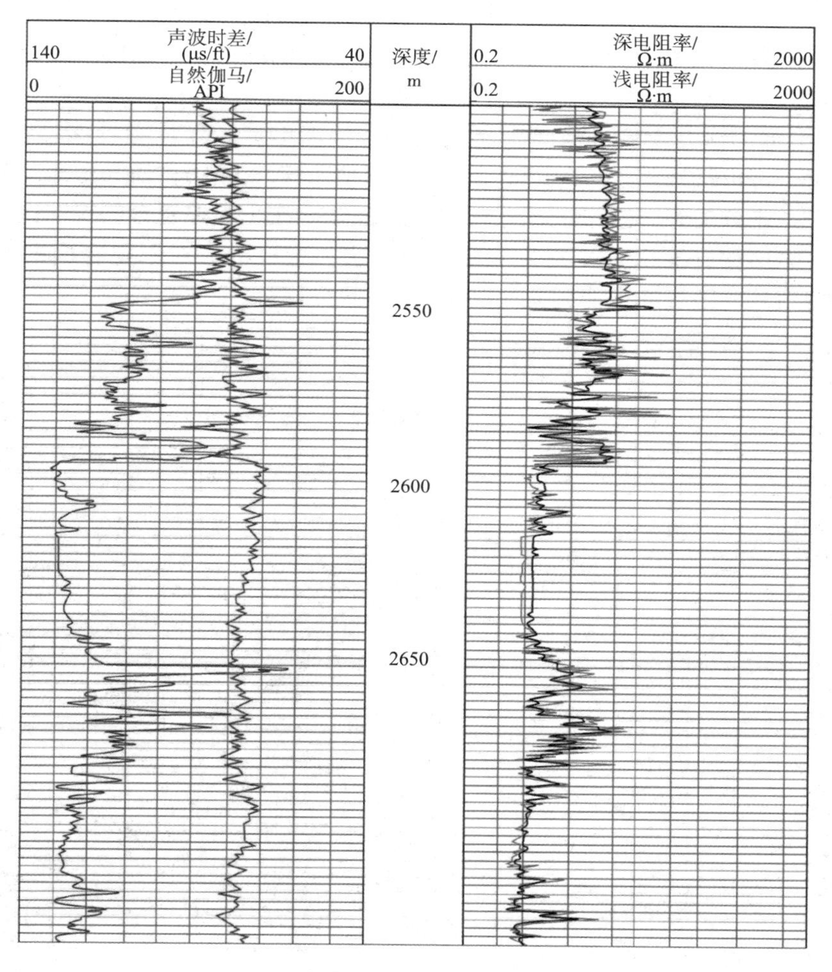

图9－3　不整合面上下的物质组成突变

第三节　碎屑岩与碳酸盐岩不整合面的测井曲线差异

碳酸盐岩地层对比的最大难点是“同期异相”问题，学术界至今仍缺少行之有效的办法。前文先后提到普光气田飞一段底(见图5－12～图5－14和图6－1)和飞三段底(见图6－4)两个不整合面的识别研究，已先后证明，根据地层的成因关系追踪及不整合面上下的地层物性突变组合，完全可以准确识别碳酸盐岩不整合面，也初步解决了“同期异相”对碳酸盐岩地层对比的困扰。上述研究也充分说明，碎屑岩与碳酸盐岩不整合面的测井响应具有明显差异，值得深入研究、论证。

比较碎屑岩和碳酸盐岩地层不整合面可知，二者的沉积机理、成岩机理和物性演化特征皆不同，因而不整合面的研究方法各异。其差异主要有4个。

(1)地质界面的追踪依据不同。在成因关系相同或明确的沉积微相区，碎屑岩不整合面常有岩性及旋回等测井曲线的突变共性，可横向追踪或借助标志层追踪；碳酸盐岩地层却常面临“同期异相”的地层对比难题，其不整合面缺乏明显的测井曲线突变共性，尤其在碳酸盐岩台地地区，不整合面难以借助标志层追踪。

(2)不整合面的测井专属响应特征不同。如碎屑岩的成岩作用随埋深呈有序性变化，其不整合面上下常可找到“差异压实”；碳酸盐岩的早期成岩作用，使其埋深与成岩作用之间的关系复杂，难以找到“差异压实”，但不整合面之下次生孔隙发育的特殊性，使孔隙演化成为碳酸盐岩不整合面识别的测井专属响应，这一专属响应对不整合面的识别特别重要，甚至埋藏很深的地层亦可能如此。

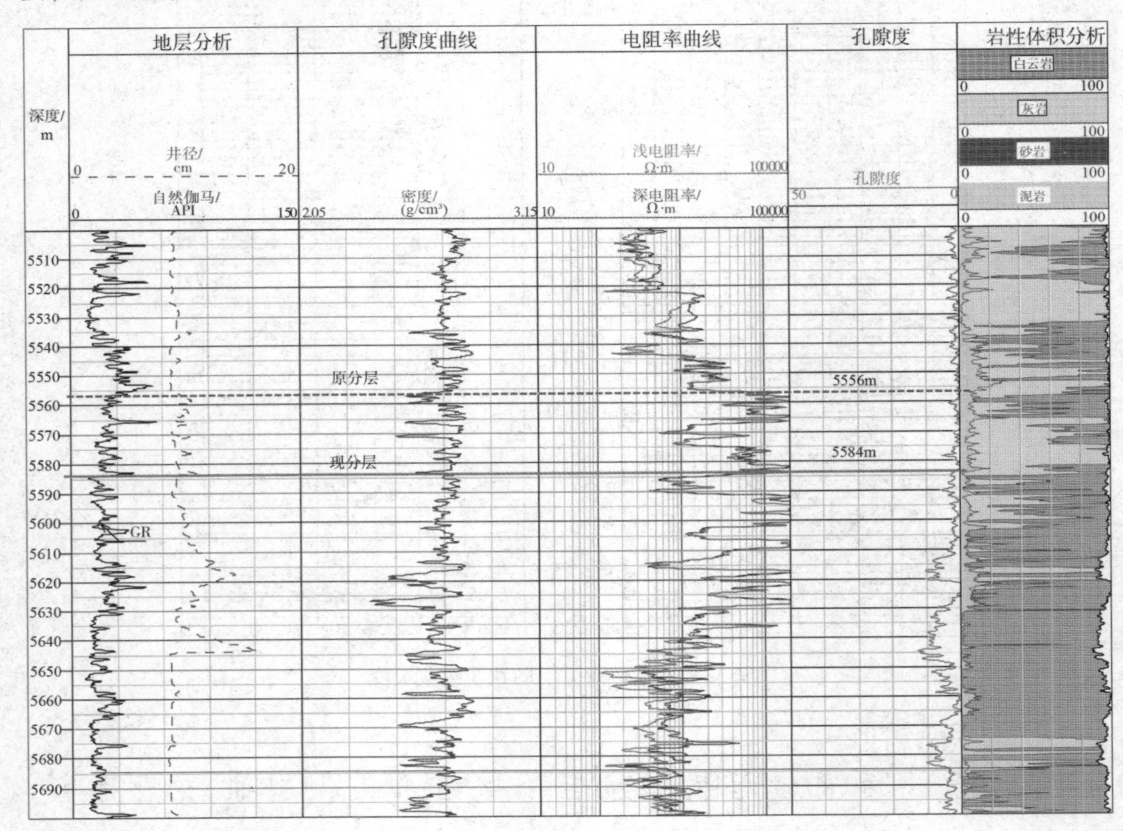

图9-4　普光4井地质分层研究

图9-4为普光4井地质分层研究，该井飞三段底原分层深度为5556m，研究认为，该不整合面之下为暴露标志，发育具高水位暴露成因的次生孔隙，而不整合面之上，因快速

海侵，沉积了指示较深水沉积的纯灰岩，孔隙不发育，其密度测井曲线值多为灰岩骨架值，根据孔隙度的突变关系，认为该分层深度应在5584m。

图9-5中的红色曲线为测井曲线识别的飞三段底在地震剖面的标定界面，该界面落在弱轴上，但该轴上下反射特征差异明显。这一认识在地震信息的横向等时追踪比前者更合理，这也间接证明，碳酸盐岩地质界面的发育规律对孔隙度演化具有明显的控制作用。

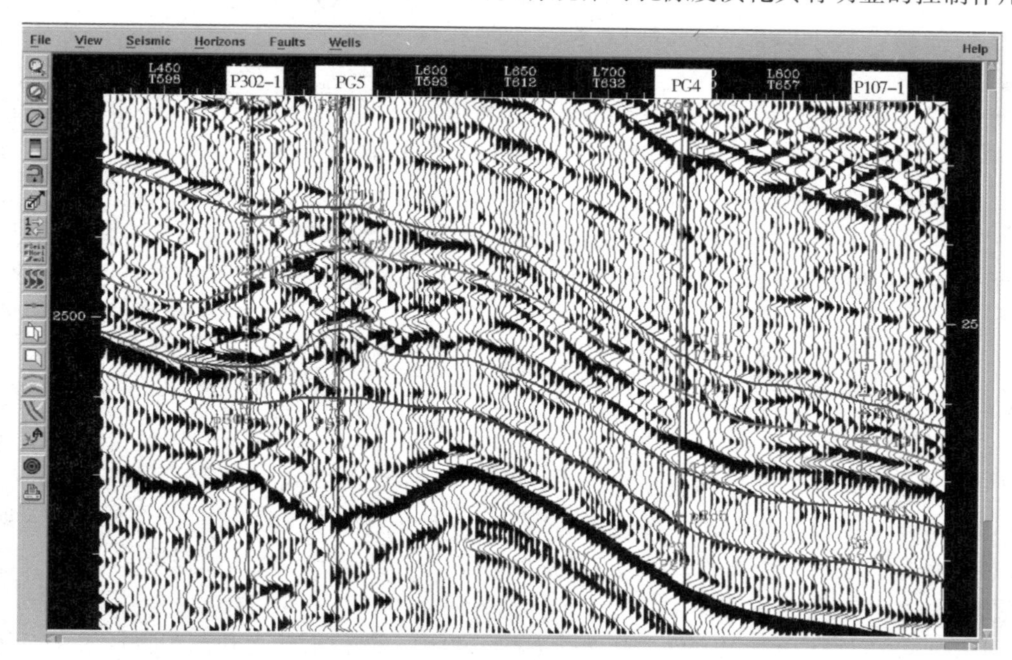

图9-5　普光气田飞三段底过井地震剖面图

(3)不整合面的表现形式不同。其中，碎屑岩不整合面上下，测井信息常为显性特征。如岩性、沉积韵律的突变，这与碎屑岩储层岩石重力分异的成因机制密切相关；碳酸盐岩不整合面上下，测井信息常为隐性特征。如物质、物性的改变，这与碳酸盐岩储层岩石生物、化学的成因机制不可分割。

(4)岩性的成因不同，其测井信息与不整合面识别的敏感性各不相同。自然伽马和补偿密度曲线可作为佐证。碎屑岩由于重力分异作用，使其岩石的性质和粒度呈现具有序性，自然伽马曲线能反映出的这种有序性有：沉积旋回、频率及沉积物质等变化有序(如石英砂岩为低伽马特征，长石和岩屑砂岩为较高伽马特征)，因而是研究碎屑岩地层的敏感曲线；碳酸盐岩因成因不同，其岩性具有块状沉积的特点，自然伽马难以反映这种块状体内的粒度和岩性变化，对沉积旋回、频率及沉积物质的变化不敏感。

由于碳酸盐岩的界面演化与物性关系密切，补偿密度等孔隙度曲线是研究碳酸盐岩的敏感曲线。对于碎屑岩，补偿密度更多地反映混合骨架的测井值，很难在不整合面附近测得纯岩性骨架值，这与重力分异的成因机制有关；但碳酸盐岩生物化学的成因特性，常在不整合面之上沉积几乎没有孔隙的纯岩性，利用纯岩性的骨架检测识别不整合面，是碳酸盐岩不同于碎屑岩的一大特点。

运用基于成因界面的地层对比方法，成功解决了普光气田碳酸盐岩地层“同期异相”的对比难题。飞一段和飞三段底部两个不整合面的准确确定，为该气田储量的准确核算以及开发方案的准确确定提供了依据，是复杂岩性地层对比的一个成功案例。

第四节　测井技术识别不整合的几点认识

测井技术与不整合面的识别关系表明，测井信息的突变关系就是对地质事件的特征反映，利用这一原理，可以将测井信息导入多种地质研究中。

(1)沉积岩的地质成因机理不同，其不整合面的识别及研究方法差异大。

(2)重要地质事件的多样性测井记录研究，可以成为测井地质学的重要分析方法之一。

(3)建立在地质原理上的测井地质属性分析，是各类型不整合面研究的核心手段之一。

第五节　一般地质界面的测井识别研究

一般地质界面的测井识别难点在于，界面上下的沉积事件可能相似或缺乏明显的识别标志。测井地质专属信息中排他性因子的辨识，是研究这类地质界面的核心内容。一般地质事件专属信息的变化更具隐性特征，利用测井曲线在地质界面的结构与物质变化，识别这些专属信息代表的事件特征，并进一步判别界面性质，是一个可探索的路径。

由于地质事件影响沉积演化，必然会引起沉积相、沉积水动力和沉积物质等的系统变化。因此，沉积水动力的强弱变化、不同地层沉积物质组合的改变和井径扩径的特征等，多种较为隐蔽的细微变化(见图8-10)，可能隐含这类地层界面的地质专属信息。成为识别一般地质事件的重要手段。

一、专属性信息的结构变化研究

地质界面专属性信息的结构变化主要包括：沉积韵律的结构、测井曲线幅度或频率的结构、测井曲线的包络线结构以及基线的变化等。识别这些隐性特征，是判断地质界面的重要依据。

图9-5已充分说明，利用地质事件测井信息的结构变化特征，可准确辨识研究区的重要地质界面。事实上，对于一般地质界面，该方法同样有效，图8-10即为一典型识别案例。在此另举一例进一步阐述。图9-6中930m附近的红线为SW油气田泉一段内部农Ⅵ与农Ⅶ界面的识别界限，由该图可看出，农Ⅶ顶部至农Ⅵ底部沉积水动力已变弱。测井信息的结构由“砂包泥”变为“砂泥间互”。其结构特征的变化具有以下特点：①农Ⅶ强水动力沉积使砂泥混杂，声波曲线波动小；农Ⅵ弱水动力沉积砂泥区分相对明确，声波曲线波动明显。②农Ⅶ强水动力沉积的泥岩含砂质高，井径曲线扩径现象相对少；农Ⅵ弱水动力沉积的泥岩，井径曲线扩径现象相对增加。

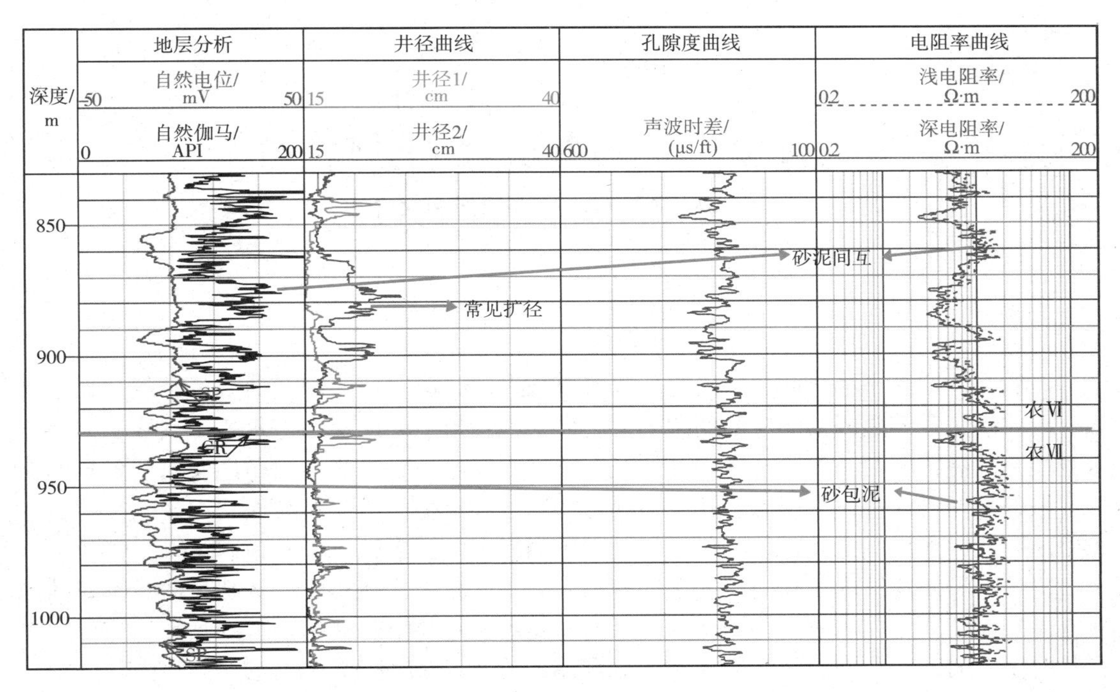

图 9－6　泉一段农Ⅵ与农Ⅶ界面的识别

二、专属性信息的物质变化研究

地质界面上下的物质变化主要是岩性、矿物特征和物性特征的变化识别。事实上地质界面之间的演化常具有完整性，每一个完整演化的分界点常具有岩性、矿物和物性变化的特点，即便它仅仅是一般地质界面，同样具有这些特点。图 8－10 中，由于物质变化的差异性，相应地引起界面上下声波时差的幅度存在很大反差，从而成为判断地质界面的重要佐证。

基于成因界面识别的地层对比方法，是根据地质事件成因，研究测井曲线地质含义的一种表现形式，也是测井地质学研究的一个重要内容。

第十章　测井地质属性的两个关键问题探讨

地质属性隐含于测井曲线中。之所以难以被发现，原因在于测井曲线本身就是地球物理、地质及工程等多因素响应的纠缠体。它们一因一果，多因交织。每一个因素，只会按自身固有的模式变化，并各自在测井曲线上留下固有印记。这些不同印记又按照各自固有的规律，呈现自为一体的密码格式，不同的密码格式最终又错综复杂地交织于测井曲线形态中。因此，人们在测井评价实践中，针对不同因素的探索，都可能有不同的发现。

要破解测井曲线内相互交织的多种密码，需要从源头追溯其成因基础与曲线响应的内在规律。应用表明，对成因基础认知的深度，决定了测井密码破解水平的高度。目前，对测井曲线中的地球物理成因认知较深，故利用现有地球物理方法，已能较好地解决“中等孔隙度及中等渗透率”的流体识别等问题(阿尔奇公式的应用条件)，但欲破解致密储层的流体识别难题，还需要寻找地球物理成因的深层机理，尤其是寻找基于致密储层饱和度计算的科学新依据。另外，测井曲线中的地质和工程成因认知基础薄弱，其密码内涵远未为人所知，究其原因，多与知识结构及固有观念的局限因素有关。测井技术诞生至今尚不足90年，测井曲线的待解之谜还有很多。有没有可能开拓性地探索基于地质和工程成因的测井评价技术，我们还需要从认知的角度重新梳理思路。

第一节　固有知识与破旧立新

人们探索自然界之路是无穷无尽的。因此，破旧立新是一个永恒的主题。这说明，前人传播的知识总是或多或少地存在认知盲点，科技创新其实就是始于发现认知盲点。认知盲点限制人们的思维和行动，却又是启发智者和勇者的明灯，它为我们提出了科学探索的重要命题——如何在固有知识中找到破旧立新的依据。这确实是值得深思的命题，对其研究每推进一步，科技发展自会向前迈进一步。

反思测井曲线的成因，如果它确实内含地质属性，那么地质演化的本因信息自然会被植入测井曲线中。因此，如何识别测井曲线中隐含的地质属性，需要探索新认知并扬弃固有认知。整体与局部的统一，是人们准确认识大自然的一条线索；局部常常是整体的全息，又是人们见微知著的另一条线索。中外古人很早就发现这些思维方法，并将之用于发现和预测中，值得借鉴。

测井曲线是否记录了地质事件的全息信息，同样值得思考。局部地层隐含的事件全息

信号，很可能就隐藏在地层叠置的表象之中。每一局部地层实则全息记录了事件及其特征痕迹，这些痕迹隐蔽地折射着事件的本因，并以信息的方式，分别附着于测井曲线某一响应记录中，只是隐蔽信息的识别方法还难以为人所知。

探求新认知，需要找到打破原有思维定势的方法，这可能才是破解测井曲线密码，用全息的分析思维，尝试复原地质事件原貌，促使测井评价技术焕发新生的关键。其中，两种思辨方式值得讨论：①采用什么思辨方式，才有可能找到原有思维定势的盲区，矛盾论无疑是一种启发。用矛盾的观点可能发现和揭开事物表象掩盖的实质，引发人们用联系的眼光寻找宏观与微观之间的控制因素。一旦找到这些认知规律，就可以举一反三，根据反映事件全息特征的一个点，按图索骥，帮助恢复或推测出事件的原貌信息。②采用什么思辨方式，才能认清地质对象的本质，共性与个性的辨析无疑是一种尝试。相同的地质事件，有些促成了油气赋存，有些则反之(见图6-2)，个性因素不容忽视。每个地质事件之所以是独特的，是因为内因与外因对它具有双重作用。内因决定了事物的演变方向，外因提供了事物演变的条件，内因导致了事物的共性本质，外因导致了事物的个性特征。弄清了外因条件，才有可能更精确地、条理地解剖地质事件的真正含义。因此，研究和发现测井曲线地质含义的这两个关键因素非常值得探讨。

第二节　认知与发现

现今测井评价技术难以准确分析复杂地层，究其原因，还是由于不能认清复杂地层的规律。笔者认为，测井信息或相关专业与传统认知之间的矛盾结论，是认知与发现的钥匙。新认知的获得，其实有赖于矛盾认识所隐含的线索追踪，及不同学科相互提供的思维新境，测井评价同样如此。鄂尔多斯盆地东北部DS气区测井流体识别及含气储层分布预测研究，是一个根据矛盾现象推测油气藏类型、预测流体分布规律的典型案例。

一、矛盾现象引发的思考

DS气区位于鄂尔多斯盆地东北部，该气田历经多年勘探，起伏不定，能否成为上产准备区，考验着地质学家的智慧和水平。该区构造格局可划分为3个部分(见图10-1)：东北部为什股壕鼻凸带，东南部为泊尔江海子隆起带，西部为巴彦布拉斜坡带。已发现气层主要分布于二叠纪下石盒子组盒2段、盒3段，为河流相沉积。笔者2012年开始进行该气田的评价工作，但两个矛盾现象还是引发笔者不断深思。

一个突出的矛盾现象是钻探所期望的气水关系结果出人意料：①锦39井以北钻探结果混乱，鼻凸构造似乎与气水分布无关，测试获得工业产能的气井总被产水井包围；②钻探与油气测试结果总体上呈现南北各异，其中锦39井西南位于构造低部位的巴彦布拉斜坡带反而广泛分布气水同产井；③研究区东南泊尔江海子隆起带的钻探结果显示基本全部为干井。

另一个突出的矛盾现象是根据测井曲线制作的气水识别图版规律也出人意料：测井解释理论认为，储层含气丰度越高，则其密度测井值越低，但实际试气结果反之。图10-2

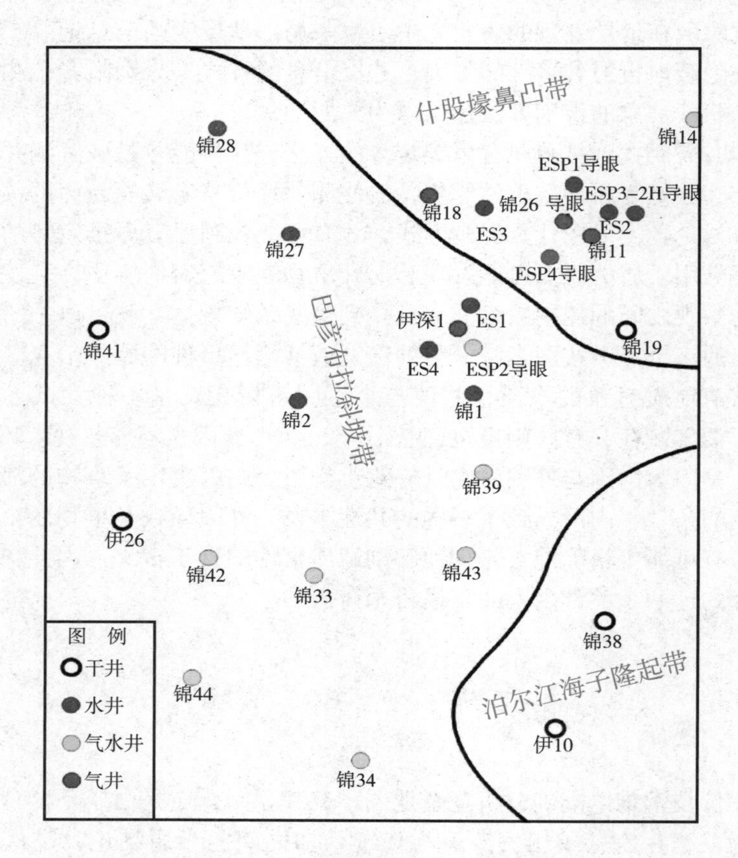

图 10－1 DS 气区构造与井位示意简图

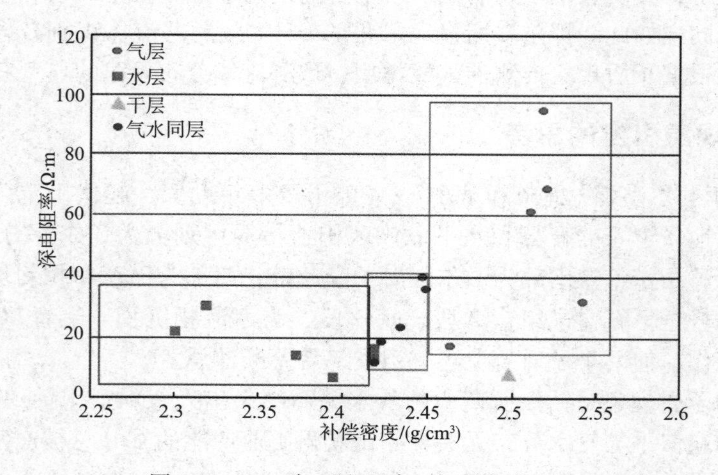

图 10－2 DS 气区电阻率—密度值关系图

中的水层密度测值最低，气水同层密度测值次之，气层密度测值最高。（注：由于该区储层普遍产水，为便于分类，根据“每 1000m^3 气折合 1m^3 油当量”定义，当测试产水占气水折合总体积小于 10% 时，该储层被视为气层；当测试产水占气水折合总体积介于 10% ~90% 时，该储层被视为气水同层；当测试产水占气水折合总体积大于 90% 时，该储层被视为水层。）

两个矛盾现象似乎背离石油地质基本认识和测井解释原理。这一方面说明开展测井评价工作不能生搬硬套，另一方面说明地质本因才可能是理论与实际相反的根本所在。根据近年来测井地质属性的研究经验，测井曲线数值的异常，极可能代表着地质演化过程中的某一专属信息，它是利用测井曲线信息见微知著的重要切入点。

二、矛盾现象的成因推测

分析认为，复原地质演化的关键主要有3个：①密度测井值反常的真正含义；②测试结果中，水井包围气井的地质成因；③斜坡带广泛分布气水同产井的成因机理。它们有可能反映出同一地质本质，应是同一地质演化结果的3个不同表现形式。

为进一步推测密度测井值反常的成因，将密度测井值转换成孔隙度信息可知，图10-2代表的地质专属信息含义为：水层占据了大孔隙空间，气层被排挤至小孔隙中。无论是斜坡带还是鼻凸带均有此含义，结合鼻凸带气井总被产水井包围这一现象，可基本推知研究区为一水驱赶气达到平衡后的残存气藏。

进一步推测认为，鼻凸带的构造控制了水驱气的结果。虽然构造高低与气井分布关系不大，但残余气层极可能分布在微构造高点或河道边部的差岩性储层，根据该认识，鼻凸带的气层开发难度很大；斜坡带可能为一受构造和岩性双重控制的、充注程度有限的低饱和度气藏，沿河道布井，可能形成一定开发规模；泊尔江海子隆起带研究程度较低，其认识还有待深化。

为验证上述推测，编制了该区河道分布与地层微构造叠合图(见图10-3)。其左图为研究区盒2-1小层的叠合评价图，右图为盒3-1小层的叠合评价图，图中红色区域为气层分布区，粉红色区域为气水同层分布区。由图可知，在以鼻凸带为主的构造区域中，气层确实分布于微构造高点及河道边部，与预测完全吻合；斜坡带主要发育气水同层，并可能连片分布，具有一定的开发潜力。

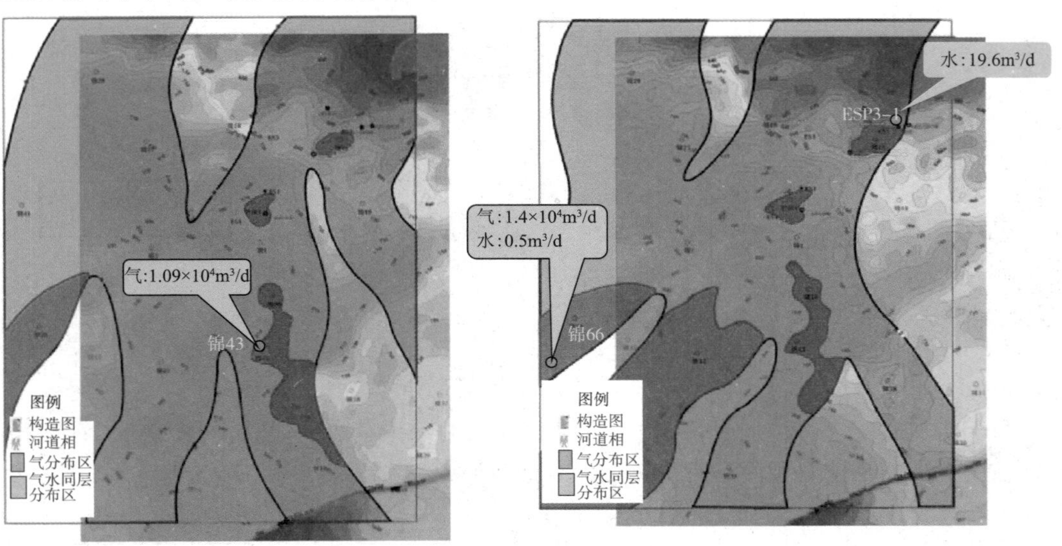

图10-3 DS气区河道与地层微构造叠合图

图10－4和图10－5分别为锦38井—锦18井和伊26井—锦14井气藏剖面图。两图从剖面上展示出锦39井、伊深1井、锦11井及伊26井等多个微构造气藏，从侧面验证了鼻凸带残余气主要分布于微构造高点，而不受鼻凸构造控制的现状。

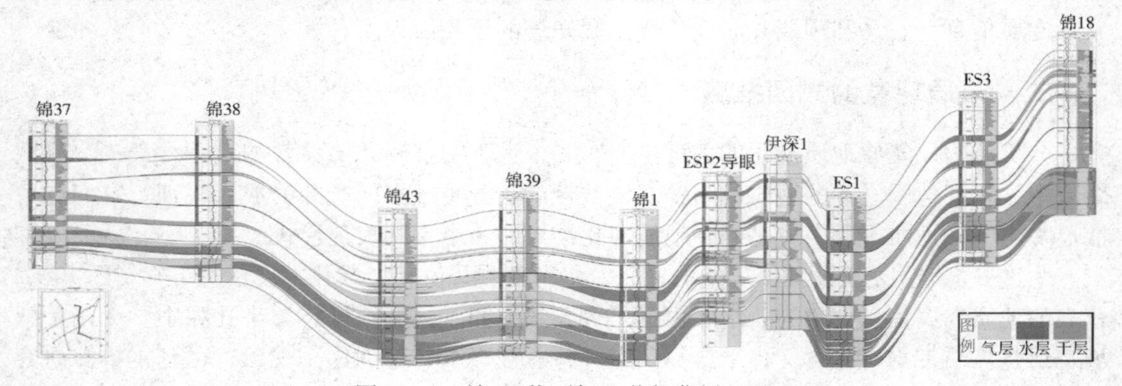

图10－4　锦38井—锦18井气藏剖面图

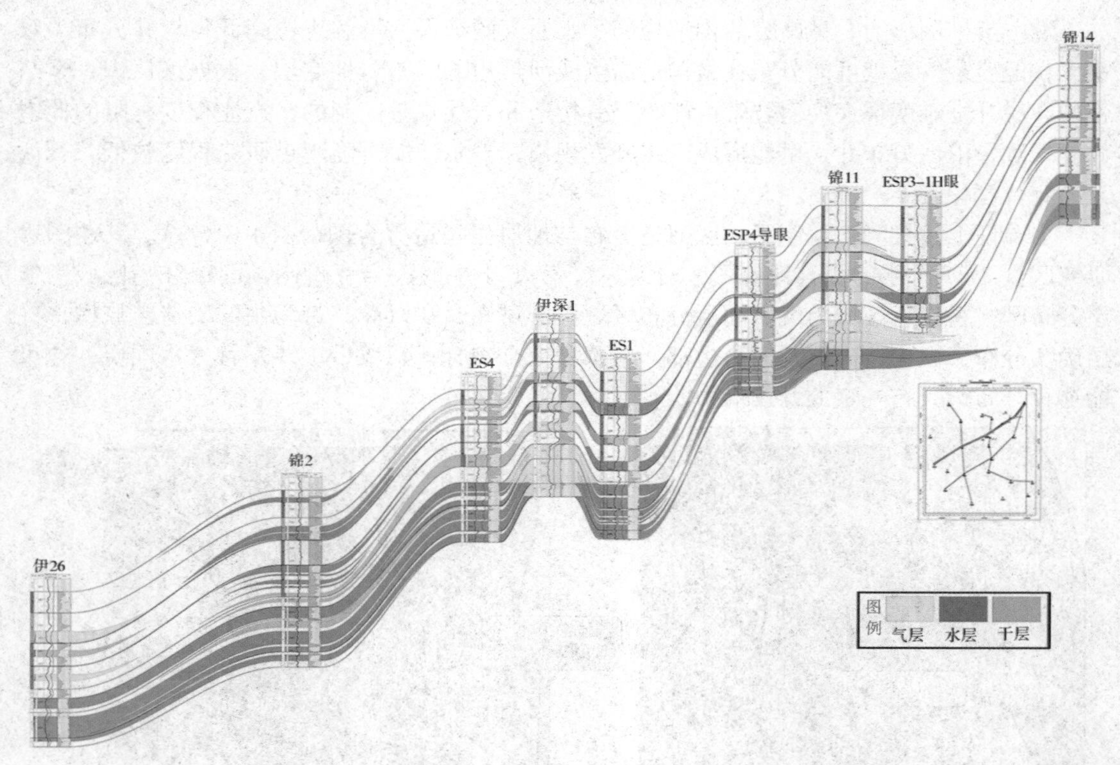

图10－5　伊26井—锦14井气藏剖面图

由于研究时间短暂，加之长期以来对DS气区的争论莫衷一是，上述观点仍存在很大争议。所提出的推论及预测还有待更加深入地研究。

三、气水分布规律预测的新钻井验证

2013～2014年，DS气区又先后部署了一批新钻井，将其测试结果纳入笔者2012年的

预测图中(见图10－6)，可见鼻凸带的气水关系仍与当初的预测完全吻合：在微构造高点的边部，新钻水平井J11P4H井测试为气水同出，日产气$5.3\times10^4m^3$，日产水$4.2m^3$；在河道边部，新钻的J11－2井测试为产气，日产气$4.1\times10^4m^3$；在河道中心及微构造低部位新钻的J11P2H井和J11－1井均测试产水，日产水分别为$1.8m^3$和$26.7m^3$。

在斜坡带新钻井8口，其中7口井测试气水同出，1口井测试偏干。再次证实该斜坡带为一受构造和岩性双重控制的、充注程度有限的低饱和度气藏，并验证了该气藏具有一定开发潜力。

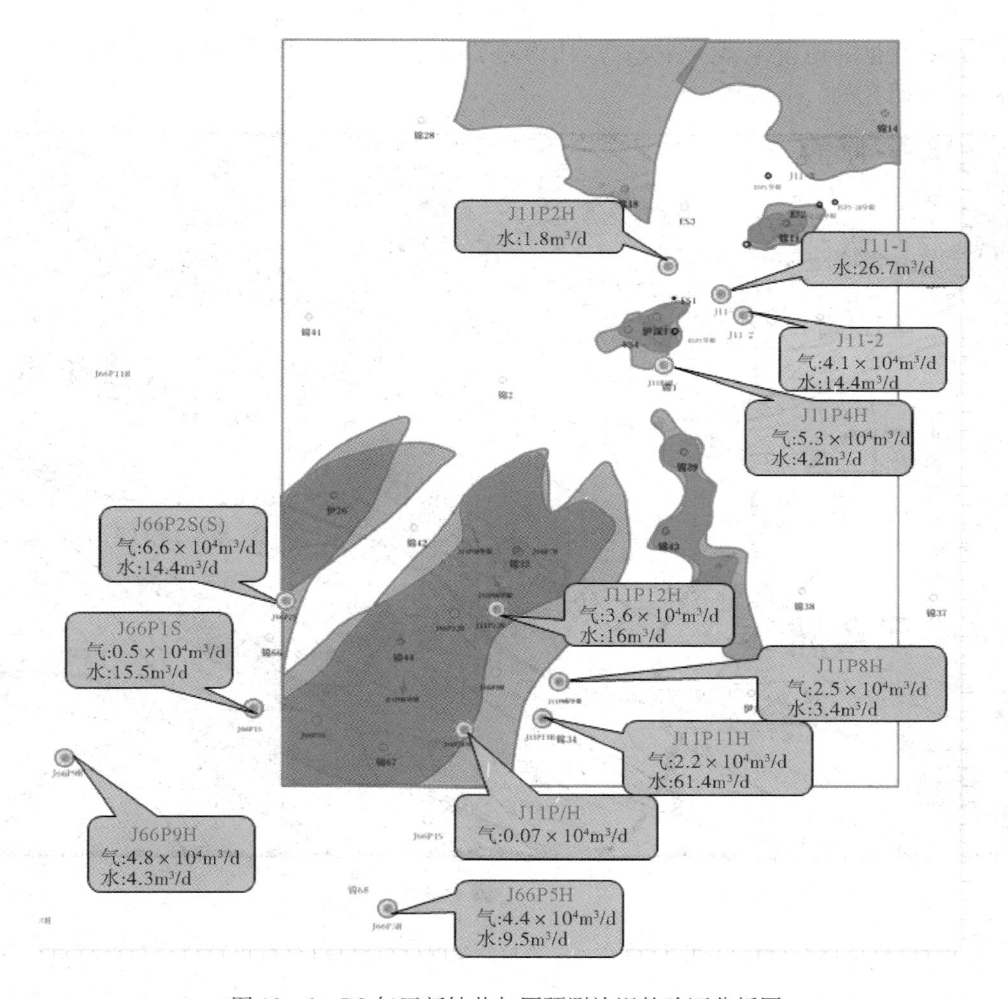

图10－6 DS气区新钻井与原预测认识的验证分析图

DS气区的矛盾现象给我们3点启示：①高质量的现代测井评价技术，已离不开地质或油气藏背景的准确认识与解读；②复杂致密储层的测井评价时代已不期而至，单纯依靠测井原理评价油气层风险巨大，多专业的联合研究才是必然趋势；③测井曲线响应仅仅是一种表象，如何寻找表象背后的地质专属含义，才是现代测井评价技术的关键所在。

第三节　共性与个性的关系论证

矛盾的个性与共性是对立统一的。共性问题多可帮助预测事物的宏观特征，但一个微观具体事物是否真实存在，最终还需要个性研究水平确定。“甜点”一词在油气勘探开发中的流行，表明在共性之中识别和区分其内部的个性特点，已成为在复杂地区寻找油气富集带的关键因素。笔者2004年年底，在解决胜利油田江家店地区地质研究课题时，根据地层倾角测井数据的地质专属性研究，成功预测了该地区夏口断层的滚动背斜，可算作共性与个性关系研究的一个案例。

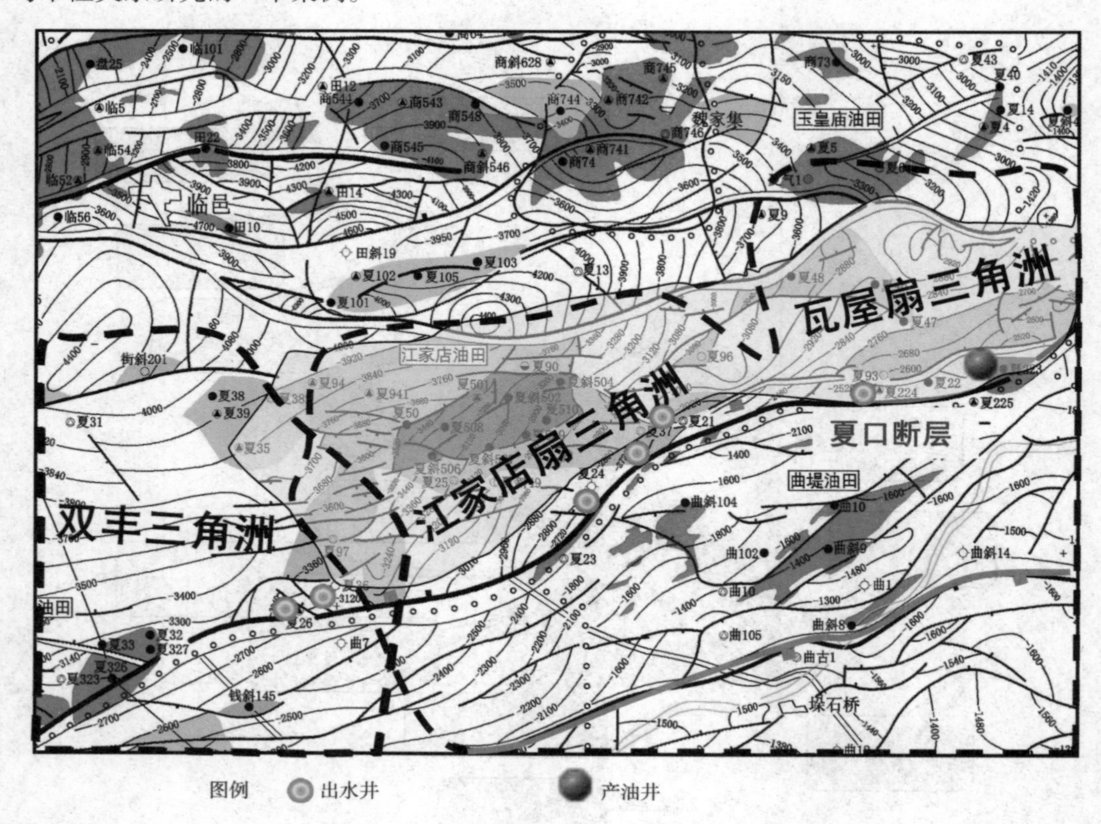

图10－7　江家店地区夏口断层附近油、水井分布图

江家店地区位于山东省临邑县境内，构造位置处在济阳坳陷惠民凹陷夏口断裂带中段，构造形态为一大的扁平鼻状构造，轴线呈北西—南东向，面积约200km²，该构造向北倾没于LN生油洼陷之中、东西分别以鞍部与WW鼻状构造、SF鼻状构造相邻，东南与夏口断层上升的QT鼻状构造呈轴线一致对接，为夏口断裂带三大构造背景之一。

根据早期地震解释成果，由于夏口断层封闭性差，其附近的储层以水层为主。如图10－7所示，早期沿夏口断层布了多口井，夏30等井都无一例外地测试出水，总体上证实了地震解释的推断，表明夏口断层确实以开启为主。但工区右侧夏223井在砂三段测试

出油气，且该井曾测有地层倾角资料，早期解释时，也未引起重视。

历经多年的复杂课题攻关，笔者已养成重视个性因素和矛盾问题的研究习惯。该井测试获得油气的事实表明，夏口断层的某些位置很可能发育滚动背斜，而成为潜在的油气勘探方向。笔者手绘了一张夏223井地层倾角草图，并与测井数据核对，二者完全一致（见图10－8）。

该新认识证明前期对夏口断层的研究不够准确，推翻了夏口断层不能勘探油气的悲观论点。并重新提出了夏口断层存在滚动背斜的油气勘探模式（见图10－9）。在新勘探模式的指导下，地震解释人员以夏223井地层倾角成果为指导，重新处理解释了夏口断层的地震剖面。根据地震解释新成果，确定该区滚动背斜油藏的存在，胜利油田布井2口，全部获得工业油流。

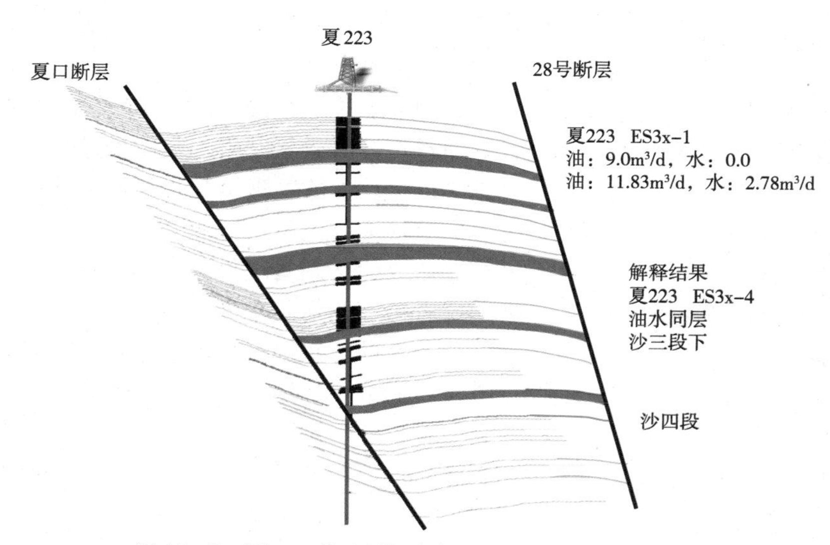

图10－8 夏223井地层倾角解释模式图（据斯伦贝谢）

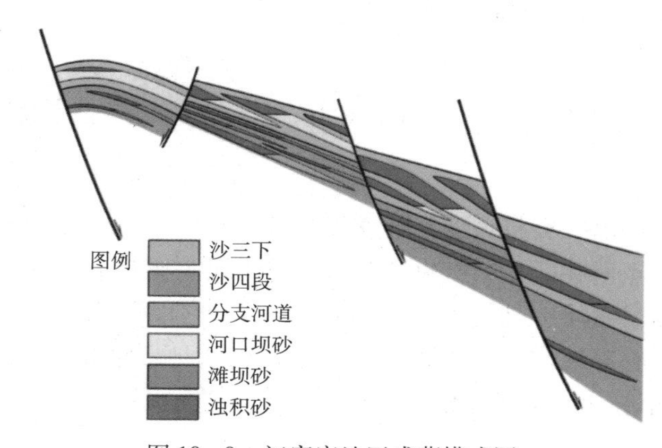

图10－9 江家店地区成藏模式图

夏口断层的共性与个性关系表明，共性与个性的矛盾，有时是揭开地质真相的一把钥匙，善于在共性中发现个性因素，很可能是现代油气勘探中的一个新常态。

第十一章　井震结合的探索与应用

井震结合的目的是将两种专长技术实现最大化的应用。其表现在两个方面：①利用测井的高精度纵向分辨能力，为地震解释的深度标定或目标追踪等提供精确导航，提升局部地震解释的精准度；②利用地震资料可等时追踪的横向信息特征，为地层对比及地质研究等提供分析佐证，提升宏观测井技术应用的精准度。

这两方面研究的核心技术应是地震与测井信息的相互标定及转换关系研究。历年来，学者们主要应用二者的地球物理成因，如通过声波时差与波阻抗的一致性标定，实现信息的转换研究，达到追踪目标的目的，其理论依据是地球物理信号可能具有的一致性；学者们在研究二者关系时，较少应用它们拥有的共同地质背景及其成因，如果可找到地震与测井的地质一致性标定，也可实现信息的转换研究，达到追踪目标的目的。

测井与地震的观测对象同一，这表明二者记录的地质含义是一致的，只是表达方式不同而已，理论上完全有可能找到二者对地层含义的一致性识别关系。这是实现地震与测井信息相互转换的潜在方向，如果深入研究，对提升复杂地质研究目标的预测精度将大有裨益。

从专业应用的角度看，地质与地震解释人员研究井震结合的主动性高，测井专业人士的积极性相对不够。各专业对同一地质对象研究的理论、认知不同，相互结合的深度也很有限，井震结合技术肯定还有众多不为人知的秘密。因此，不同地球物理信息之间的辨识与转换关系研究，还应有很大发展空间。

第一节　井震结合技术的主要原理及其局限性分析

众所周知，地震和测井资料高度互补。集二者之长是油气勘探开发的关键节点，也是复杂油气藏评价的焦点所在。目前常见的井震结合手段主要是测井约束地震反演技术。

测井约束地震反演实质上是地震—测井联合反演，它以测井资料丰富的高频信息和完整的低频成分，尝试补充地震有限带宽的不足，以已知地质信息和测井资料为约束条件，反演得到高分辨率的地层波阻抗资料。其技术特点是，突出测井资料在提高地层波阻抗分辨率方面的作用和能力。

测井约束地震反演技术是一种基于模型的反演技术，一般要求求解一个最优解。该技术充分利用测井的低频—高频成分和丰富的地震中频信息，以地震剖面所过井位的声波测井资料和地震层位解释结果为约束条件，通过迭代反演对地质模型进行反复修改，使合成

的地震记录资料与实际地震资料尽可能逼近，最终模型就是反演结果。

测井约束地震反演技术的研究精度主要与两大因素有关。①与反演的精度、分辨率和初始模型给定有很大关系，也与正演合成方法、钻井数量、井位分布及模型修改量确定的方法有关，同时也取决于地震、测井资料处理和解释；②尽管这种方法以测井资料和地质资料为约束，但由于地震子波处于通频带外，波阻抗具有多解性，仍然无法避免反演的多解性。

第二节　可相互辨识地质属性的提出

前人的上述研究表明，测井约束地震反演技术因不同约束方法间存在模型认知的差别，加之波阻抗的多解性，因而对追踪目标的认知与描述有时难以准确和令人信服。由此可知，基于该技术的井震标定研究并不完美，寻找二者清晰的一致性追踪目标，仍有创新探索的必要，这是井震结合研究能够精准的核心问题。

推理认为：测井和地震数据的形成方式相似。在记录由发射、传输到接收形成的地球物理信号的同时，也记录了二者的同一观测对象——地质及其演化结果，这些因素均以不同形式附着于地球物理信号之中(见图 11－1)，只是这些因素因非常隐蔽而不易识别。也就是说，测井与地震数据对地质体的信息响应具有成因一致性，只是因为二者记录方式不同，造成各自地质属性的响应特征存在差别。运用成因一致性的分析思路，在差别中找到测井与地震资料的共性因素——同一地质属性，有助于复杂油气区研究目标的准确追踪。

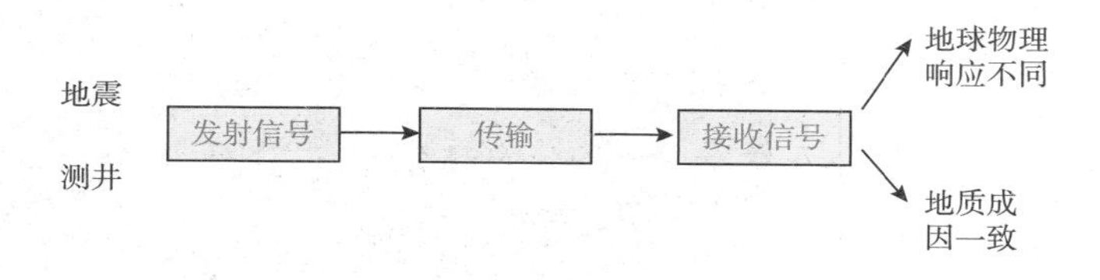

图 11－1　地震与测井信号成因模式图

寻找测井和地震信息拥有的共同地质属性，可从 3 个方面加以推敲。①测井和地震信息对具体地质事件或地质体存在同成因关系。由于测量存在对应关系，也理应找到具有同一成因基础的、可相互辨识的信息响应依据。只要找到二者可相互辨识的地质属性，就有可能利用测井信息指导地震解释，追踪各类研究目标。②测井、地震信息在地质界面上下具有同成因关系。地质界面上下的地质事件变化，必然引起地球物理信息记录的特征变化。两者地质成因一致，虽记录方式不同，但变化的实质肯定一一对应。③二者记录地质事件变化的结构具成因对应关系。与前者相类，地质事件的变化，必然引起地球物理信息记录的结构变化，且成因相同。二者的信息响应结构，理应隐含同一地质成因的记录。深究二者可相互辨识的信息响应结构，可提供地质事件变化结构的识别与追踪依据。地质界面或地质事件变化的结构虽薄厚不一，但因同成因关系，依然有可能找到二者相同的地质含义，为地质研究提供可靠证据。

第三节　可相互辨识地质属性的实例应用

一、地质事件的井震同成因识别

以普光气田生物礁为例，分析其地震与测井地质属性的可相互辨识特征。

礁的地震相模式主要有两个特征(见图 11－2)，其地震与测井响应的一致性也表现在两个方面。

(1)礁盖反射特征。由于礁盖与礁核之间存在岩性差异，礁盖的地震反射表现为弱一中振幅反射，其内部储层非均质性呈弱反射特征，与礁核响应相比较，地震波表现为相对高频特征；在测井曲线上，礁盖内部可见明显的物质变化，自然伽马测井曲线上见明显的岩性变化，电阻率曲线齿化明显，与地震波的成因具有一致性。

(2)礁核反射特征。由于礁核岩性单一，地震反射主要为空白反射，与礁盖响应相比较，地震波表现为相对低频特征；在测井曲线上表现为曲线平直、较光滑，与地震波的低频特征吻合，具有成因一致性。

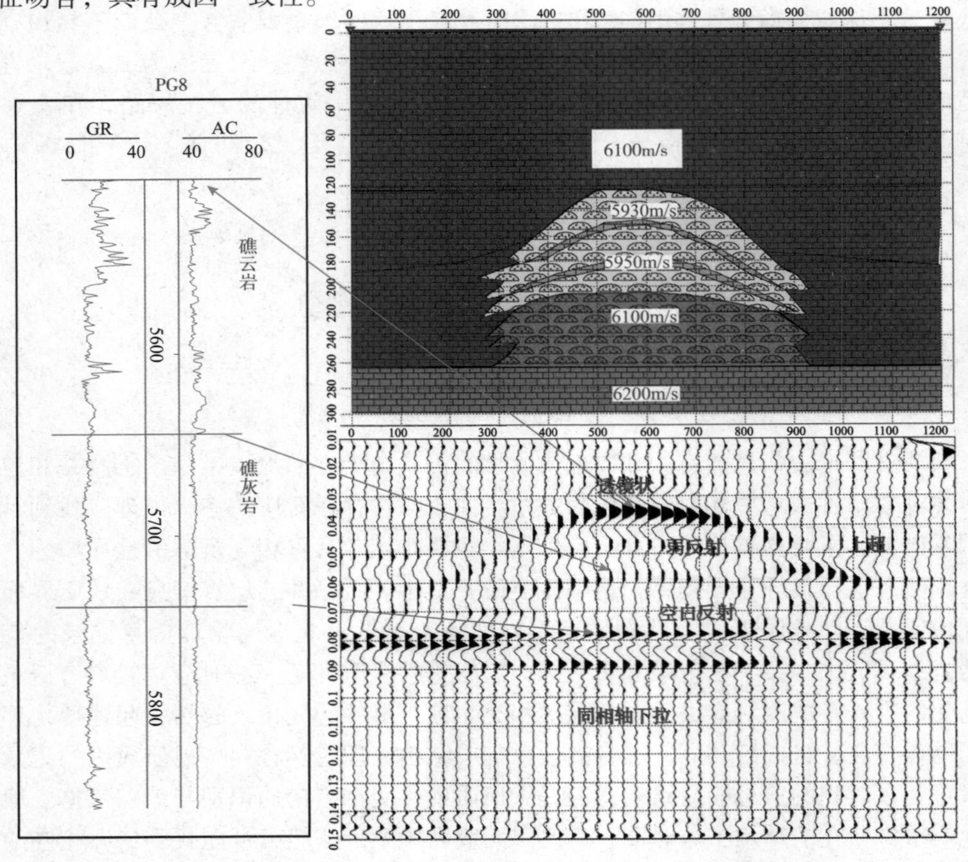

图 11－2　普光气田生物礁地震与测井响应成因一致性分析图

二、地质界面信息的井震同成因关系分析

历年的井震结合研究，强调测井与地质约束地震解释的应用较多，探寻测井、地震资料与地质演化之间的同成因关系的较少，这显然制约了地球物理研究的认知水平。

图11－3为普光5井测井曲线图。由图可知，以长兴组和飞仙关组间的不整合面为界，测井信息可见明显的结构性变化，以自然伽马与补偿声波曲线组合分析为例，在不整合面之下，二者表现为礁盖局部齿化与礁核的平直稳定组合，这种组合为生物礁测井组合；在不整合面之上，二者表现为指示快速海侵的较高伽马泥岩与多期高频声波变化组合，这种组合为快速海侵之后，碳酸盐台地的局部水侵水退组合。

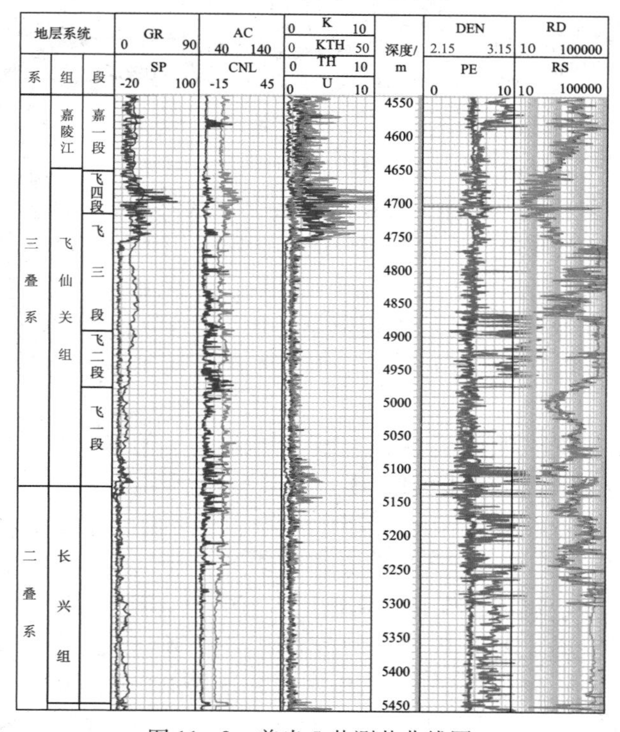

图11－3 普光5井测井曲线图

深入研究与之相对应的地震资料可以发现，以长兴组和飞仙关组间的不整合面为界，地震信息同样可见相似的结构性变化，在不整合面之下(红色粗线)(见图11－4)，地震响应表现为礁盖相对高频与礁核的低频特征组合；在不整合面之上，为相对高频的层状结构，与碳酸盐台地的局部水侵水退组合吻合。可见，不整合面上下确实具有测井与地震信息的同成因变化关系。

第四节 井震信息对同成因目标的追踪研究

利用测井与地震信息的对应关系研究，有助于追踪同成因目标。其研究思路及步骤

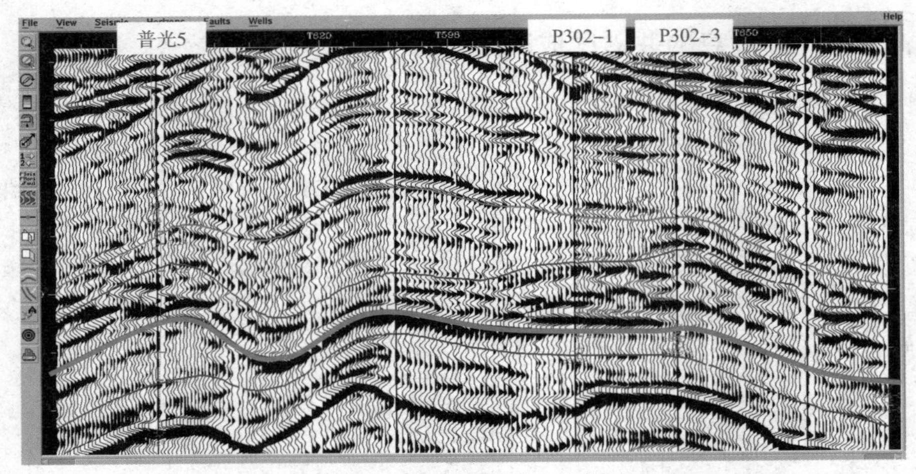

图 11－4　普光气田飞一段底过井剖面图

为：首先是测井与地震信息的共同地质属性识别研究。以地质事件的特点及其演化的特殊性为研究依据(见图 11－2)，分别寻找和识别其中隐含的地震地质属性和测井地质属性；其次是地震与测井之间可能的地质属性对应关系研究。以地质事件和地质界面的特点及变化关系为纽带，以归因分析或成因关系为研究手段，寻找地震与测井之间隐含的对应关系(见图 11－3 和图 11－4)；最后是地震地质属性的追踪研究。根据测井地质属性的分类，分别建立可被地震资料识别与追踪的模型，实现地震地质属性的分类追踪，最终达到地质预测的目的。

YEZ 某区油气富集规律研究为井震结合对同成因目标的追踪研究的一个案例。

大港油田 YEZ 某区位于歧南凹陷南部，埕北断阶带的斜坡部位，面积 126km²。其地层产状整体向北西倾斜，自北向南发育 ZB、YEZ 等一系列北倾断层，将该区分为低斜坡和高斜坡区(见图 11－5)。截至 2004 年初区内共钻探井位 47 口，其中工业油气流井 14 口，探井成功率仅 30%。纵向上发育明化镇组、馆陶组、东营组、沙一段和沙三段等多套含油目的层，经勘探发现了 LGZ 含油气构造和 Z5 井、Z40 井、Z62 井等出油点。勘探历程表明，油气地质关系复杂。其中，馆陶组在钻井过程中，见到多个含油气显示，但是测井解释符合率很低，测井解释为油层，而试油出水的现象很普遍，油气在馆陶组纵向上和横向上如何分布，考验着研究者的水平。

一、测井地质属性与油气组合关系

研究区馆陶组以辫状河沉积为主，地层厚度 140～375m，岩性为厚层块状砾岩、含砾砂岩及砂岩夹灰绿、紫红色泥岩，自上而下分为馆一段、馆二段和馆三段，剖面呈现粗一细一粗近似对称型旋回层序的特点。馆一段为粗段，岩性以大套灰绿色砂砾岩和棕黄色粉砂岩为主，夹棕黄色、灰绿色薄层泥质粉砂岩、泥岩和深灰色泥岩；馆二段地层一般岩性较细，以深灰色、综红色泥岩为主，局部含砂岩、砂砾岩薄层，电阻率曲线基值较低，为区域性盖层。馆三段为粗段，以浅灰色砂砾岩、含砾粗砂岩、中细砂岩与灰绿、紫红色泥岩不等厚互层为主。地层工区南部斜坡高部位馆三段地层遭受不同程度的剥蚀，地层残留厚度不一。

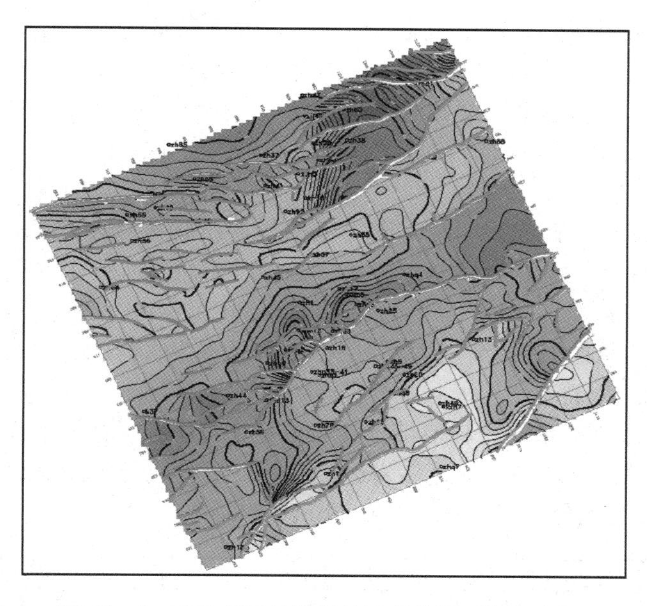

图 11－5 YEZ 某区馆陶组构造井位图(据中石油)

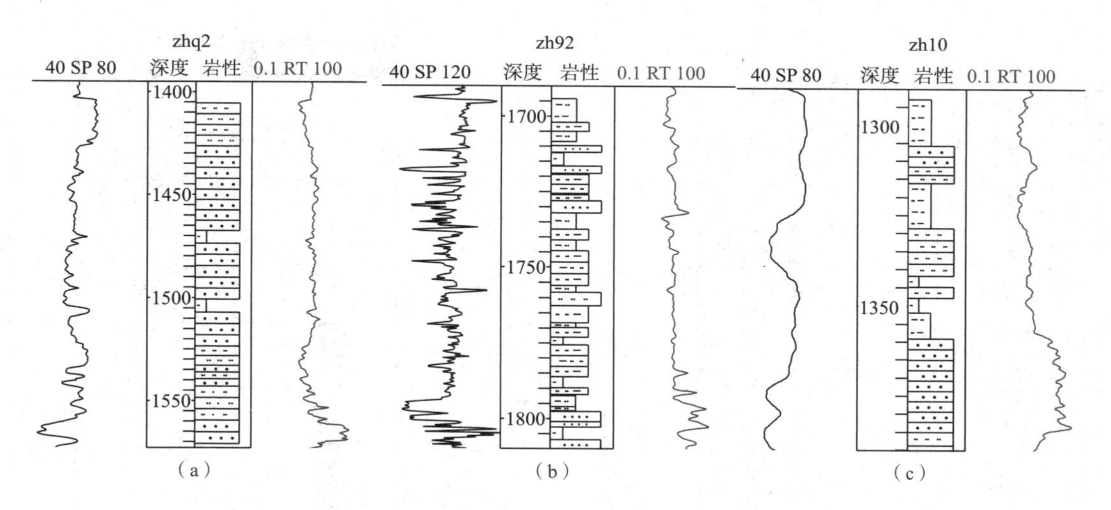

图 11－6 馆陶组储层结构分析图(据中石油)

将测井信息的地质属性结合试油特点可发现，储层结构与试油结果有很大内在联系。研究区馆陶组的储层结构主要分 3 类：①“砂包泥”型。这类储层结构主要发育于馆一段和馆三段的辫状河道，图 11－6(a)表明该储层结构的特点为，厚砂层间夹薄层泥岩，自然电位测井曲线正向偏转幅度较大，反映地层水矿化度比较低，录井常见大量含油气显示，测井解释了一些油层但试油却以出水为主，难以获得具有工业价值的油气流。②“泥包砂”型。这类储层结构主要发育于馆二段或馆陶组的泛滥平原沉积背景中，图 11－6(b)表明该储层结构的特点为，厚泥岩间夹薄层砂层，其中泛滥平原沉积背景中的砂岩层比较薄且物性差，多为干层。馆二段地层中发育的少量砂岩具有一定产能，它与上覆泥岩也构成储盖组合，因此，在几口井的试油中见到工业油流。③“砂泥渐变”型。这类储层结构主要发育于辫状河河道向河漫滩转变的地层中，表现为沉积水动力由强向弱的迁移、转换特征。图11－6(c)表明该储层结构的特点为，强水动力沉积的厚层砂岩向上泥质含量逐渐增加，最终变为泥岩，其自然电位测井曲线的底部正向偏转幅度较大，向上偏转幅度逐渐变小或变负，录井见到油气显示时，砂岩的顶部往往试油见到工业油流，砂层底部试油为水层。

测井曲线的地质属性研究表明，不同类型的储层结构与特定的油气水分布密切相关，含油气储层在测井曲线上具有专属响应特征。通过对测井属性结构特征研究，可能协助地质学家识别和寻找有利油气分布区。因此，在地震剖面上寻找和追踪馆三段顶部的、与测井曲线具有同成因关系的“砂泥渐变”型储层结构意义重大，为此，本书提出在地震剖面上追踪具有“砂泥渐变”型储层结构的找油思路。

“砂泥渐变”构成沉积水动力转换带，其实质是馆陶组在纵横向上由连续河道砂沉积向以泥岩为主的河漫滩沉积转换。河道砂岩运移油气，最终成藏于储盖组合较好的河漫滩底部。馆陶组的绝大部分油藏均分布于此(见图11－7)。

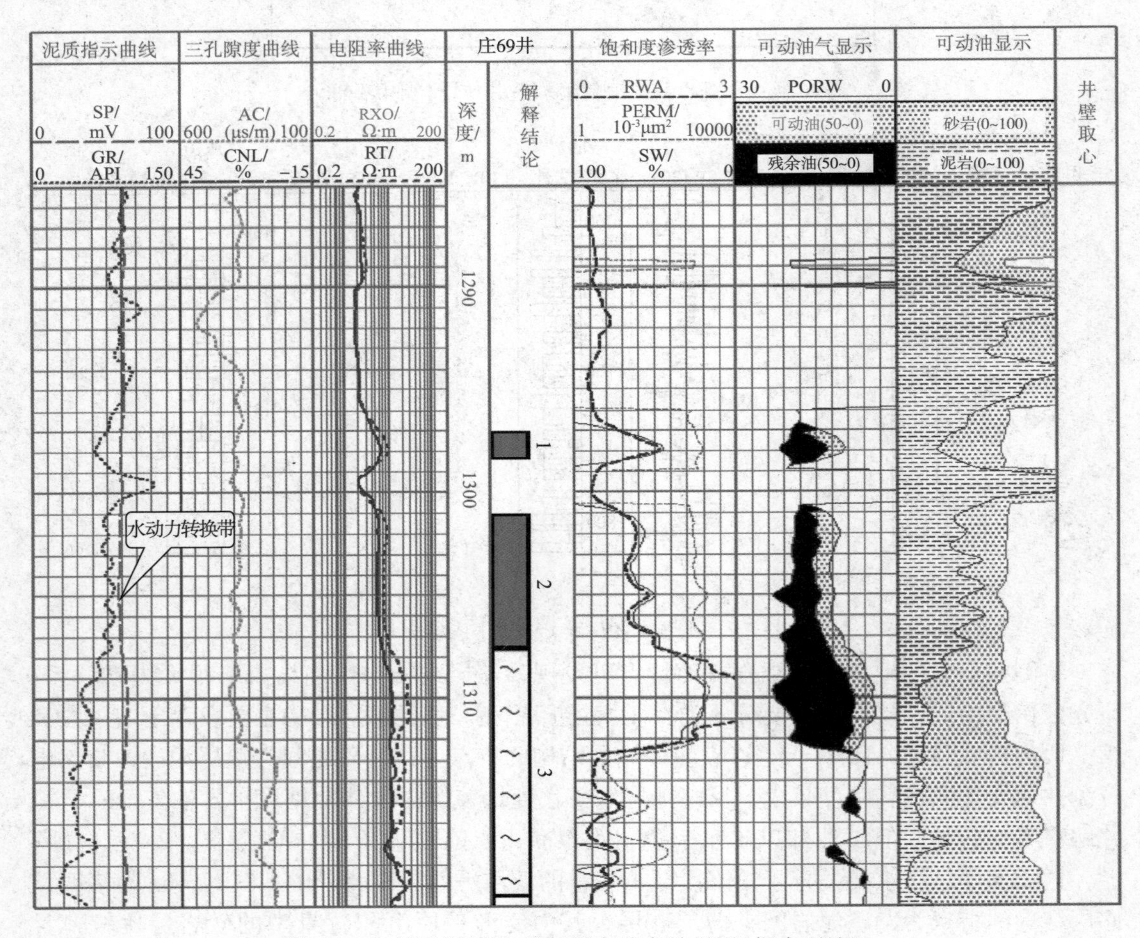

图11－7　砂泥渐变与油气纵向分布关系图(据中石油)

二、利用地震相预测含油有利区

上述分析表明，测井纵向组合关系与储层及油气关系密切，利用测井信息可有效识别含油气储层。但由于钻井资料相对稀少，横向分布受到局限，难以很好地刻画含油气储层的平面分布特征。而地震资料具有高横向分辨率的特点，同时特定的地层测井组合特征在地震上常表现为特定的反射结构特征，两者在表现方式上具有很好的一致性和对应性，因此利用地震反射结构特征，能有效地刻画本区含油气储层的平面分布。

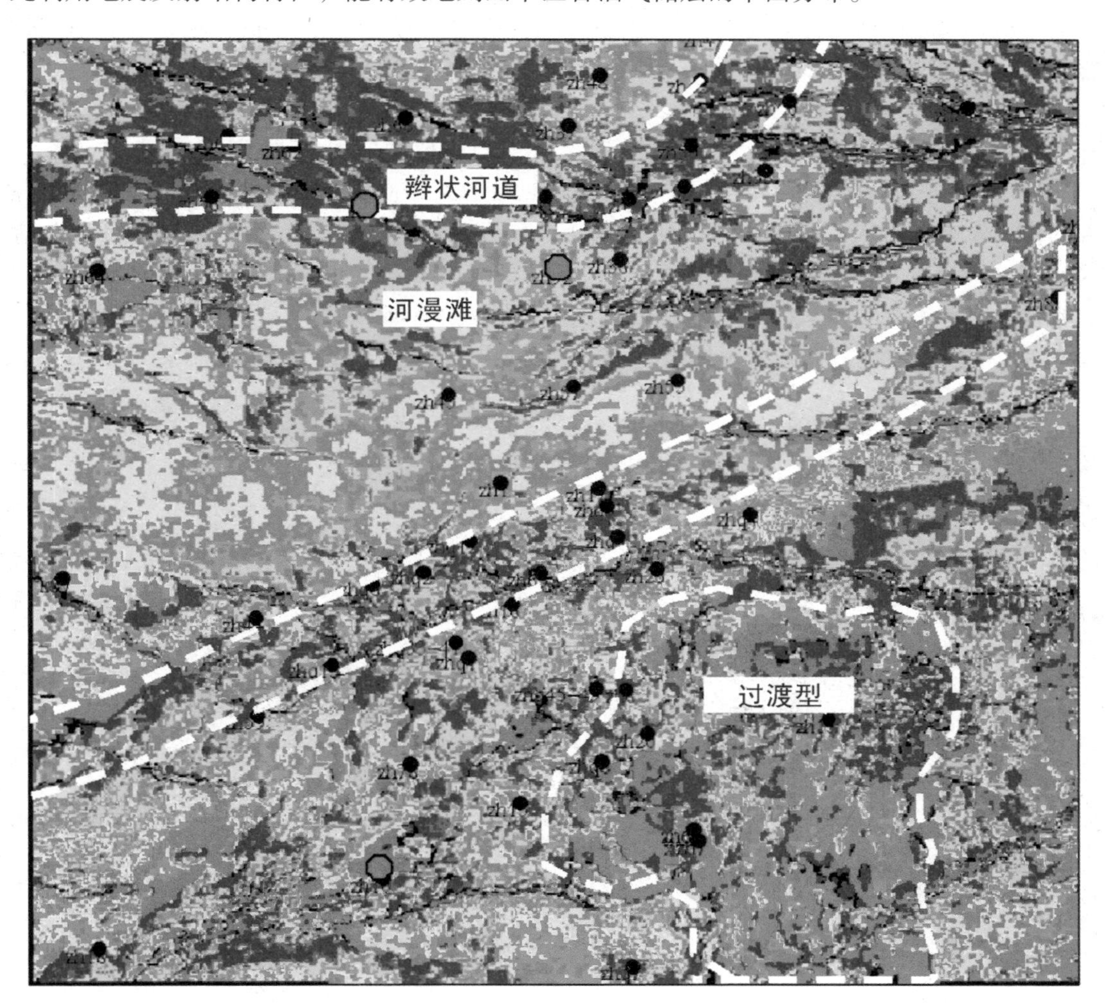

图 11－8　YEZ－ZJP 地区馆陶组地震相平面分布图(据中石油)

波形地震相分析技术是利用地震反射结构特征识别目标储层的一项有效手段，其原理是利用地震道波形特征，对某一层间内地震数据道进行逐道对比，细致刻画地震信号的横向变化，从而得到地震异常体的平面分布规律，最后与测井曲线对比，对地震资料作出综合性的地质解释，开展储层预测和含油性判别。测井分析表明，本区主要地层(储层)结构特征大致可以分为 3 类，主要与辫状河道、泛滥平原、辫状河道—河漫滩过渡型 3 类地层沉积结构对应；根据井旁地震道反射波形统计结果，将目的层段地震反射所对应的波形分为3类，依次进行储层砂体的波形标定和分类。从波形地震相图（见图11-8）来看，研究区大致可分为3类，第一类以蓝色色调为主，与图11-6(a)测井纵向组合结构对应，反映辫状河沉积环境特征；第二类主要由浅黄绿和淡蓝色色调组成，分布范围较广，与图11-6(b)测井纵向组合结构对应，反映泛滥平原"泥包砂"沉积环境；第三类以暗红色色调为主，测井标定为辫状河道向河漫滩过渡型沉积环境。通过前期测井结构特征分析认为，这类区域可能是比较有利的目标区[见图11-6(c)中的过渡型]。

可见，测井属性与地震属性在地质体中虽表征地球物理的尺度不同，但仍具有成因一致性和可追踪性。

三、地层水研究对预测结果的佐证

统计试油资料，研究区馆陶组的油气在平面上主要分布于工区南部。进一步分析地层水试验数据可以发现，该区馆陶组地层水分布具有"南北分带"的特点，其东南部分布着$CaCl_2$型、$MgCl_2$型地层水，向西北至YEZ主断层附近主要分布着$NaHCO_3$型地层水。同一地层中，地层水的多变性对测井解释带来的影响，在以往的测井评价中没能引起重视，是造成工区内测井解释符合率低的重要原因之一（见图11-9）。

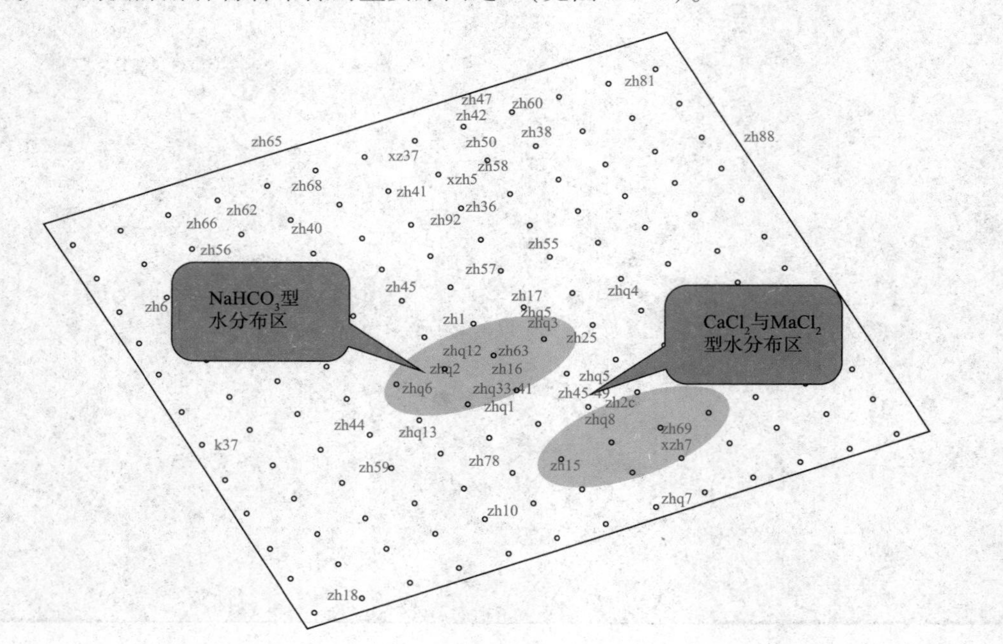

图11-9 YEZ-ZJP地区馆陶组地层水分布规律图（据中石油）

据《中国石油志卷四》大港油田分册的成果认识，认为地层水矿化度异常是大港浅层找油的重要指标。地层水矿化度异常和浅层油气发现的内在关系，可能与两方面因素有关，①深部油气在向浅部储层运移过程中，地层水也同时发生运移并在浅部储层形成油水重新分异；②异常地层水矿化度的存在，也指示储层油气具有较好的保存条件。研究区南部的试水资料表明，这里的地层水矿化度大约在5500～8000mg/L之间，属于地层水矿化度异

常，与大港浅层主力油田的地层水矿化度一致。

地层水异常分布的特征表明，在工区南部寻找浅层油气仍有潜力，坚持勘探则有可能获得突破。

四、沉积相研究对预测结果的佐证

将测井相结合地质分析，绘制出研究区沉积微相平面分布图(见图11－10)。该区可见两条明显的河道，南部河道的两侧在馆陶组钻遇少量油井。

沉积微相分析可得出如下结论，即馆三段油气成藏主要有3个控制条件。①油气藏主要分布在YEZ主断层及馆陶底不整合面附近的有利成藏位置。②油气层在纵向上，主要储集于河道微相向河漫滩微相迁移的沉积微相转换带上，测井曲线表现为自然伽马由低值渐变为较高值，反映了水动力条件由强变弱，沉积的砂体由颗粒混杂的砂砾岩变为细砂岩，物性明显变好，馆三段获得工业油流的井均有此规律。③油气在横向上，主要储集于主河道与河漫滩的结合部，这与河道微相向河漫滩微相迁移有关。原因在于横向上主河道内砂岩、砾岩发育，水动力条件较强，油气保存条件相对较差，而在主河道边部水动力条件相对变弱，储层较细，以细砂岩沉积为主，侧向上相变为泥岩沉积，油气封堵条件较好，优于主河道中心部位。

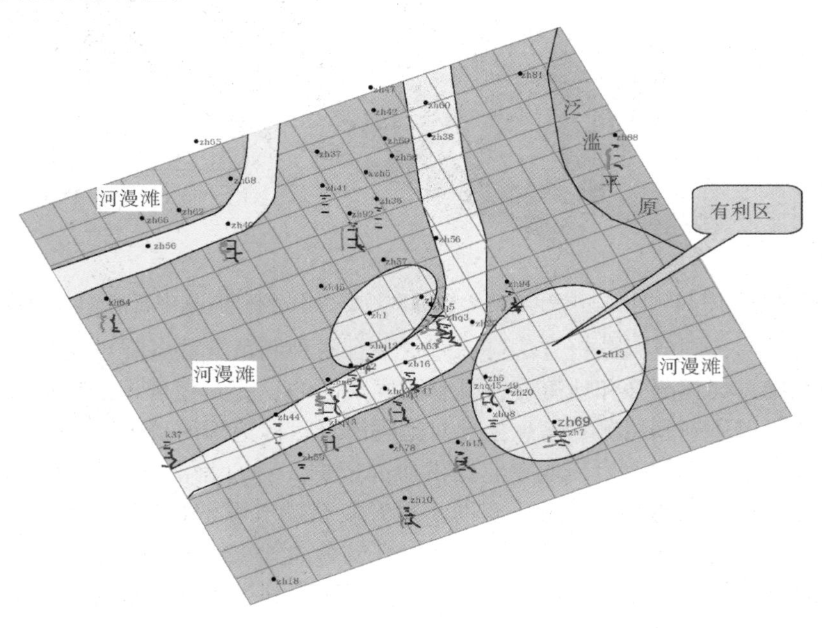

图11－10 馆陶组沉积相平面图(据中石油)

五、“可相互辨识地质属性”研究的实钻验证

根据上述研究，将“砂包泥”型的辫状河道、“泥包砂”型的泛滥平原沉积和“砂泥渐变”型的沉积背景分类，建立可被地震资料识别的(测井分析模型接近30m)、能供地震解释追踪的测井分析模型，为有利油气勘探目标的寻找提供追踪依据。

地震解释追踪的结果表明，在研究区的东南部存在一个馆陶组底砾岩剥蚀区（见图 11－11），该剥蚀区与上述分析发现的地层水矿化度异常区基本重叠，与沉积微相研究的沉积水动力转换区也基本重叠。所有这些研究均指向了同一认识——该区的东南部是馆陶组进一步找油的最有利地区，得出该结论后不久，大港油田新钻探井 Z69 井试出工业油流，成为该地区馆陶组唯一出纯油的油井，证明测井地质研究的正确性。

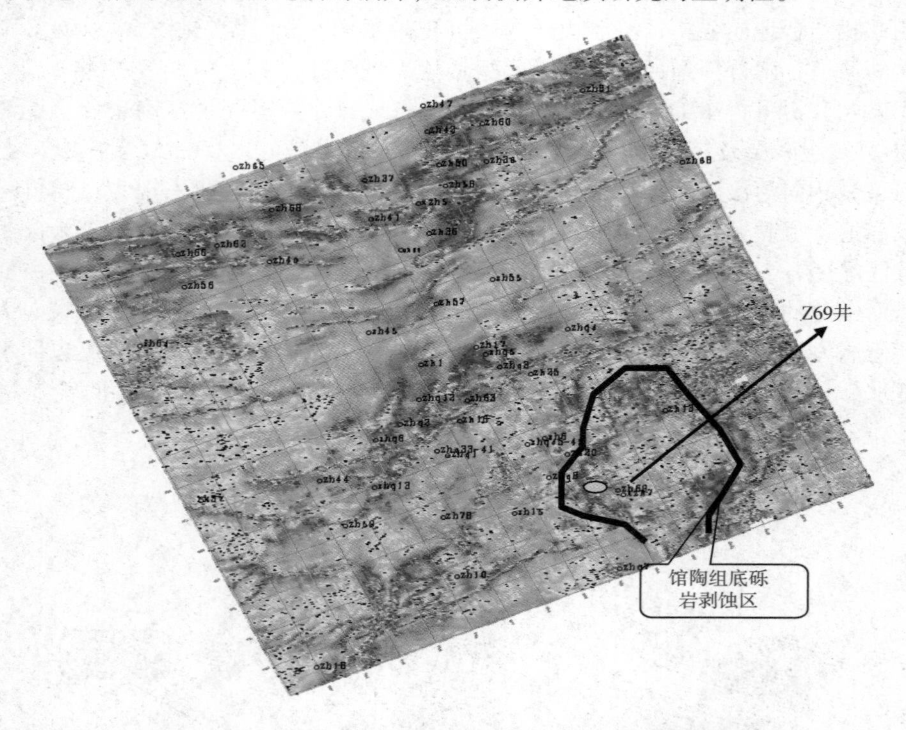

图 11－11　馆陶组底砾岩剥蚀区地震资料分析图（据中石油）

上述研究表明，同成因分析方法可以有效整合两种测量方法各异的地球物理资料。以地质认识为基础，寻找测井和地震资料具有相同成因的、能互相辨识的属性，运用统一性的分析手段，可以达到利用测井信息指导对地震解释目标追踪的目的。

应用测井曲线的高精度为其他专业提供研究依据，一直是油气勘探开发追逐的方向，其中破译测井信息隐含的地质信息，有助于提升复杂油气藏的地质、地震解释研究精度；破译测井信息隐含的工程因素信息，有助于提升复杂油气藏的工程施工水平。

测井技术与其他专业结合的理论依据研究，将决定利用测井信息为其他专业提供研究依据的水平。

第十二章　基于测井曲线地质属性的预测研究

测井曲线能参与地质预测，这是地质学家和测井专家的夙愿。然而这预测之路并不顺畅，究其原因，是测井曲线已知的预测技术有限。目前广为人知的成功案例，仅来自地层倾角分析或地层压力预测等少数技术。

自然界很多物质的信息均有可复制性或宏观与微观的一致表达，这表明局部常常能诠释整体，地质事件与之类似。从测井曲线地质属性的统一性看，如果我们能猜出测井曲线与地质事件的一致性表达，那么测井曲线无疑具备预测功能。宏观决定微观，微观是宏观的具体表现，利用地层倾角变化推知构造形态、利用孔隙度信息推测地层压力，都是微观对宏观的具体表现，类似信息在测井曲线上本应很多，只是被破译的密码太少。预测的依据，应该来自测井曲线含义的认知解放。

第一节　低电阻率油层的预测案例分析

测井曲线是衔接宏观地质作用与微观岩石信息的关键纽带。准确解读其地质含义，有助于系统论证地质事件的方方面面，成为实现测井资料地质预测的关键所在。测井曲线非常隐蔽地记录了地质演化中的边缘信息，不经多信息的刻度佐证，很难发现其所隐含的地质本义，这也是难以利用它开展地质预测的原因之一。针对低电阻率油气层，利用地质刻度推敲其测井曲线中的地质本因，可看作根据地质事件边缘信息识别尝试预测的一个典型案例。

低电阻率油气层是测井评价的难题之一，识别较困难但潜在储量巨大，因而成为地质学家和测井专家追寻的目标，渤海湾盆地是低电阻率油气层的高发区。研究证实，该区众多低阻油气层具备“双组孔隙系统”（见图 12−1，微孔隙系统储集束缚水，是储层电阻率降低的主因；大孔隙系统储集油气，是储层产油气的原因），为该类低电阻率油气层评价提供理论依据（曾文冲，1991）。但这类油气层的成因及分布规律是否受地质内因控制，文献涉及不多，成功的地质预测更是罕见。

为弄清该“双组孔隙系统”是否受控于地质内因，在研究 DG 油田某开发区低电阻率油气层成因时，制作了其不同微尺度的关系分析图。图 12−2 为该区 D4−13 井的取心参数分析图，图中展示了较大的岩性尺度和较小的物性及饱和度尺度间的变化关系。由图可知，第 7 道岩性百分含量（岩性尺度）所指代的储层结构，是形成双组孔隙系统的地质基础：

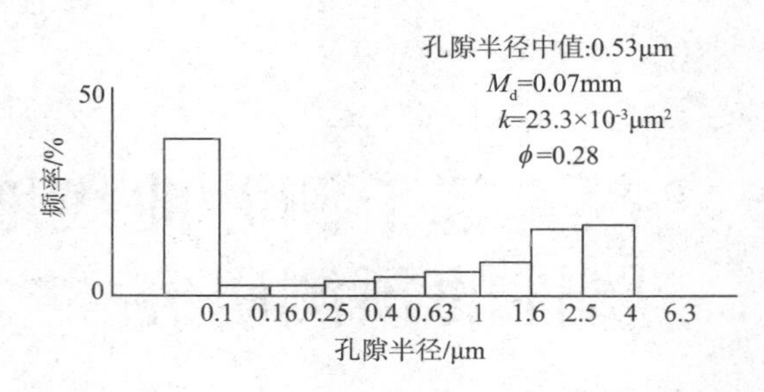

图 12－1　D4－13 井低电阻率孔隙结构分布图

①岩性百分含量与渗透率明显相关。其细砂岩百分含量增高明显对应渗透率增高，粉砂岩则反之，这说明岩性百分含量基本决定了渗透率的纵向分布规律。②与之相类，岩性百分含量与饱和度明显相关。其细砂岩百分含量增高明显对应含油饱和度增高，粉砂岩则反之，这说明对于这类油层，岩性百分含量基本决定了饱和度的纵向分布规律。③该油层粒度中值普遍较小，是形成束缚水的主因。细砂岩与粉砂岩按百分含量高低，呈明显薄互层特征，表明储层岩性结构是产生“双组孔隙系统”的根本原因——储层岩性结构决定了储层孔渗结构。其中，粉砂岩为主导的薄层孔隙结构较复杂，导致微小孔隙增加，形成大量束缚水，引起渗透率和电阻率降低，而细砂岩为主导的薄层孔隙结构相对简单，其大孔道、高渗透是引起储层生产油气的原因。

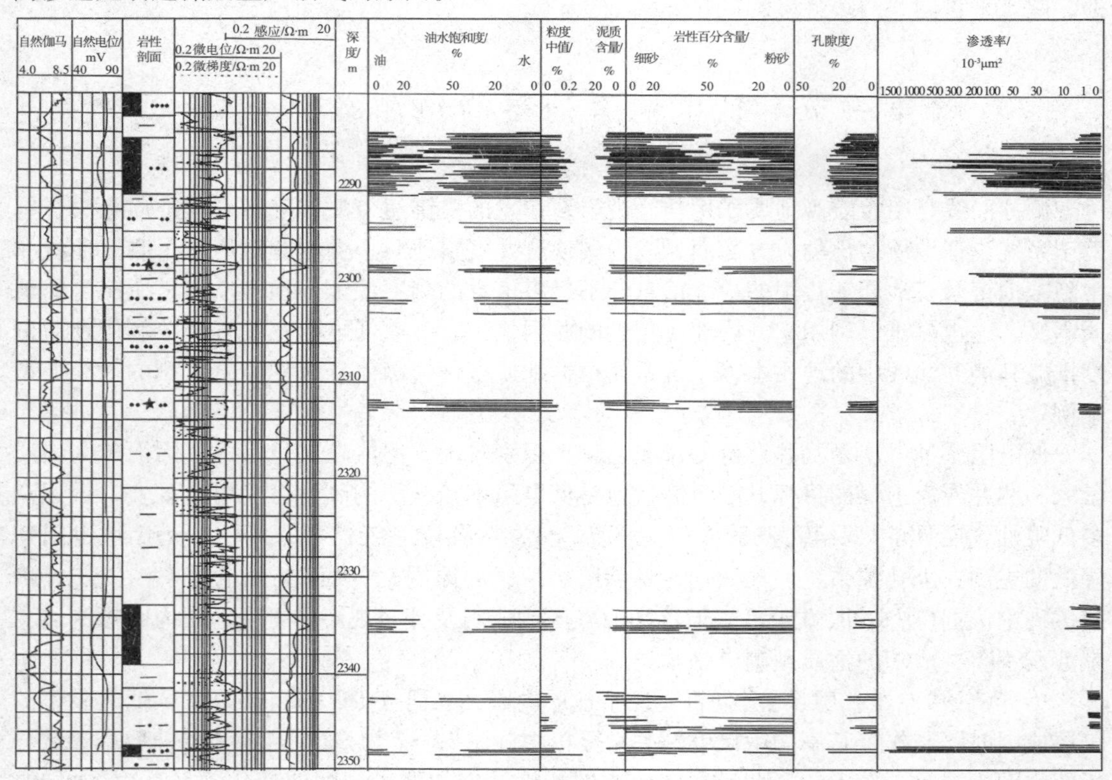

图 12－2　D4－13 井取心参数分析图

细砂岩与粉砂岩按百分含量共存一层的现象，也深刻揭示了产生“双组孔隙系统”储层的基本地质条件——不稳定的弱水动力沉积。其中粉细砂岩本身就主要形成于弱水动力沉积环境中，其水动力的不稳定，造就了细砂岩与粉砂岩按百分含量互为高低的储层结构，由此推测：弱水动力沉积环境和沉积微相的不稳定边界，是容易产生“双组孔隙系统”成因低电阻率油气层的可能场所，成为预测低电阻率油气层的重要指向。

根据测井曲线地质属性原理，特征地质现象一般会有测井曲线的专属记录。产生“双组孔隙系统”的地质条件既然与岩性不稳定有关，则记录和识别这类低电阻率油气层的专属测井信息应从岩性入手。在复查这类低电阻率油气层时，引入自然伽马相对值 ΔGR 反映岩性变化因素，将它与电阻率组合，构成辨识这类低电阻率油气层的专属测井信息[见图2-4(b)]，以该专属信息为认识基础，使该地区测井解释符合率大幅提高，复查并提出的多个油层通过补孔求产得到证实。(李浩，2000)

为进一步尝试预测这类低电阻率油气层的分布规律，在研究 DG 油田南 DG 构造带 Q50 断块沙三段储层时，利用测井曲线复原了沙三段地层纵横向演化规律，并预测沙三段四砂体的砂坝边界存在低电阻率油气层(见图 5-10 和图 5-11)，该预测通过生产测试获得准确验证(李浩，2004)，证实了弱水动力沉积环境和沉积微相的不稳定边界，是低电阻率油气层的潜在分布区。

第二节 裂缝性储层的预测案例分析

重大地质事件不仅在宏观地质方面留下显著特征，也一定会在地层的各个微观层面留下些许印痕，为人类揭示它埋下伏笔。宏观与微观为我们保留了研究地质事件可相互印证的 AB 面，构成识别重大地质事件的双重保障。当宏观与微观的认知产生矛盾时，那么一定是某一方面的判断出现了问题，印尼 B 油区裂缝性储层的识别，就是利用微观推理发现宏观认识的不足，作为揭开该地区存在裂缝性储层的一个典型案例。

一、印尼 B 油区地质背景

印尼 B 油区位于苏门答腊盆地 Jubang 区块，地处欧亚、印度洋—澳大利亚、太平洋三大板块交汇处，为弧后盆地。构造演化大致经历了 5 个阶段：被动大陆边缘阶段；同裂谷期的断陷发育阶段；裂谷期的沉降坳陷发育阶段；构造挤压反转阶段和隆升阶段。

(1)碰撞前被动大陆边缘阶段。本区在古近系为被动大陆边缘盆地背景，白垩系晚期，板块俯冲导致的挤压作用使基底褶皱，火山岩侵入导致地层变质。古新统时期，Jabung 区块一直处于隆起状态，无沉积记录。

(2)始新统中期到渐新统早期为裂谷发育期，经历了强烈的断陷，走滑拉张形成向北延伸的地堑群，开始了盆地的裂谷发育，为弧后转换拉张裂谷盆地发育期。

(3)渐新统晚期到中新统初期为裂谷—坳陷过渡期，盆地开始整体沉降，伴随着区域构造沉降，本区开始普遍遭受海侵，主要发育海相页岩、泥岩、泥灰岩和细砂岩沉积。

(4)中新统早期至今为盆地反转与隆升期，板块进一步俯冲，不仅造成挤压和构造反

转，同时引起大规模海退，形成区域性海退序列。其反转构造如图 12－3 所示。其中，在上新统一更新统，印度板块的斜向俯冲造成苏门答腊盆地西南侧 Barisan 山脉隆起及强烈的火山活动和盆地反转，褶皱断层发育，形成 NW—SE 走向的挤压构造。在山谷和向斜中接受了来源于山上的 Kasai 组曲流河一三角洲相沉积，是 MuaraEnim 海退曲流河一三角洲沉积序列持续发展的沉积结果。

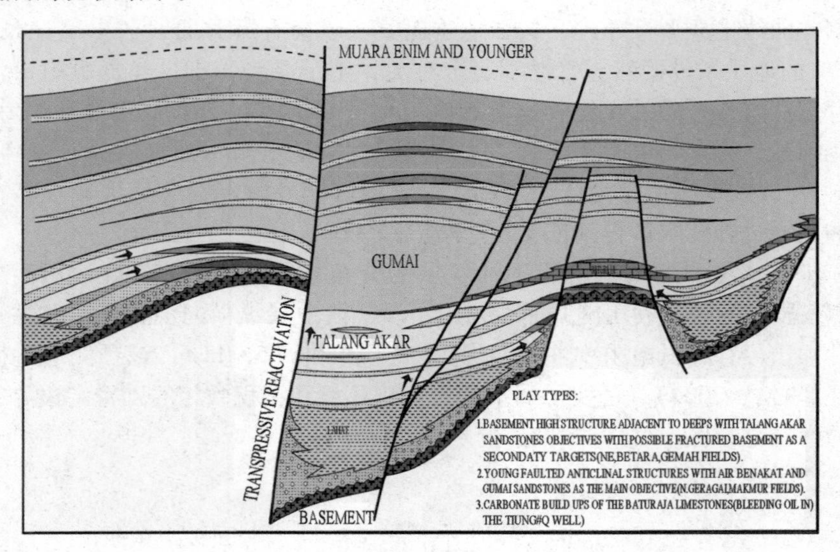

图 12－3　研究区反转构造模式图

二、裂缝性砂岩油气藏的推测及识别证据

（一）裂缝性砂岩油气藏的存在性推测

笔者进行该项研究之前的数年中，研究者均认为其储层是孔隙性储层，并据此编制了开发方案。产层中是否含有裂缝性储层，并无质疑。但一些不协调现象始终不能消除。这些不协调主要表现在 3 个方面：

（1）其新生代构造的演化，既然经历了裂谷、构造挤压反转乃至隆升的过程，表明它曾历经很强的应力作用，其东侧 Barisan 山脉的形成与隆升可以充分佐证，那么储层是否受到应力作用，还缺乏讨论，这是微观与宏观的不协调。

（2）按早期研究的原始逻辑推理，正常埋深、压实作用与地层水矿化度组合形成的泥岩电阻率应为低值，且变化应相对稳定。但新制作的纯泥岩电阻率随深度变化的图版明显表明与该认识不符。图 12－4 表明，研究区的部分测井曲线测得较高的泥岩电阻率，其成因与挤压作用产生的强大应力更吻合，明显高于正常压实地层的泥岩电阻率。统计油气与泥岩电阻率之间的关系更可看出，油气主要分布在低泥岩电阻率对应的低应力层段，测井曲线的这一专属地质响应表明，测井信息记录了强应力改造作用，并预示低泥岩电阻率对应的低地应力层段，是油气赋存的有利区域。这是测井响应记录与宏观地质背景吻合，但与以往微观储层认识的不协调。

（3）研究区投入开发后，可见试井分析渗透率常大于岩心分析渗透率的异常现象。试

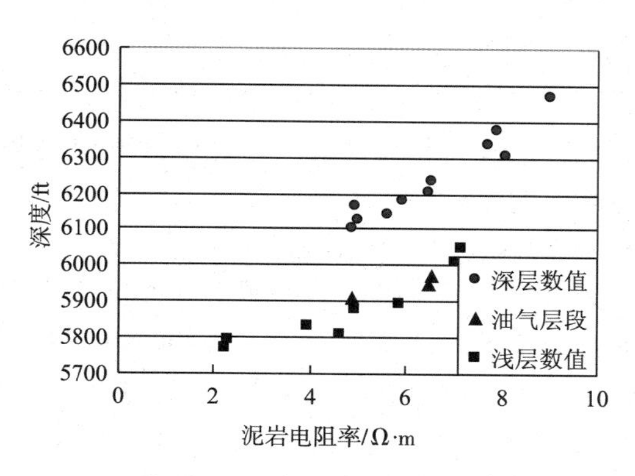

图 12－4 研究区某井泥岩地应力分析图

井分析的渗透率是根据渗流力学原理，通过油气井压力与产量的测试分析认识储层，求得储层参数。一般认为试井分析的渗透率比较符合生产现状，而岩心分析渗透率是通过对目的层取岩心，并将其清洗，然后以空气为介质测量岩心的绝对渗透率。虽然二者在分析手段上不同，但按照常理，它们应为线性关系。图 12－5 可见，图中所圈出部分的相关关系很差，其部分试井分析的渗透率远大于岩心分析的渗透率。这种试井分析渗透率明显偏大的现象表明，部分储层的微观实测认识与以往微观推理的不协调。

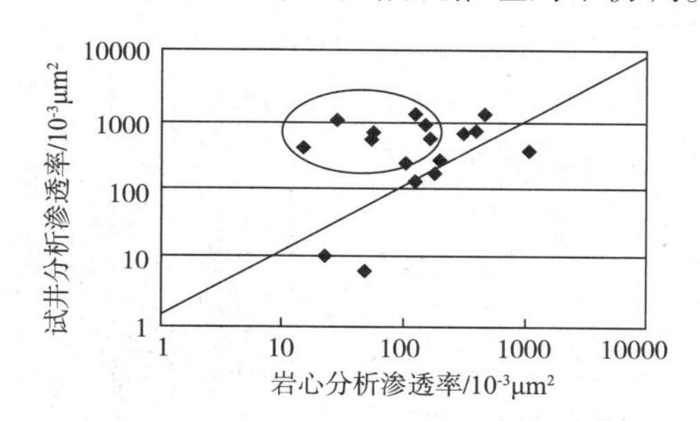

图 12－5 试井渗透率与岩心分析渗透率关系图

从宏观到微观乃至实测数据，均表明孔隙性储层可能不是唯一类型的储层。因此，有必要深入分析研究区是否存在裂缝性砂岩储层。

推测认为，地层中如果存在裂缝性储层，则其测井曲线的地质属性特征可能表现在 3 方面。①泥浆侵入可能在部分裂缝性储层中具有专属响应。例如对于正常压实的中浅层气层，其测井曲线会出现典型的“挖掘效应”(低中子和低密度测井特征)，但裂缝性气层可能会因泥浆的侵入，导致“挖掘效应”消失。②开启裂缝会在成像测井曲线中留下部分裂缝形态的专属记录。③开启高角度裂缝会产生双侧向测量差异的裂缝专属记录。

另外，裂缝的存在，也可能会留下其他 3 个方面的微观证据。①可能产生孔隙度与渗透率实验数据的关系异常；②在岩石薄片上，可能会看到微裂缝对岩石颗粒的切割现象；③已发现的部分测试渗透率远大于岩心分析渗透率或测井计算渗透率等。

根据上述推理，分别核查对比了这 6 个方面内容。这些实际证据与上述推测完全吻合，证明了裂缝性砂岩储层的存在。

（二）裂缝性砂岩油气藏的测井识别证据

裂缝的存在对储层的性质及储层流体的识别均有很大的影响。不同的测井曲线对裂缝及其类型会有或多或少的专属记录，裂缝性气层与孔隙性气层的测井响应特征也会因测量对象不同而具有测井响应的差别。

1. 工业气层缺失测井“挖掘效应”的识别

根据测井原理，由于天然气的含氢指数与体积密度都比油或水小得多，这在测井曲线上表现为低中子，低密度，即气层测井识别原理中著名的“挖掘效应”。但研究表明，本区许多测试获工业气流的储层并无“挖掘效应”。如图 12－6 中的两个气层，上部气层可见清晰的“挖掘效应”，但下部气层虽测试获得工业气流，但测井曲线的“挖掘效应”却消失了。本书第十章曾用实例举证，开展测井评价工作不能死搬教条，只有地质本因才可能是测井原理与实际相反的根本所在。因此，“挖掘效应”的消失，只能反映地质的异常，该异常可能就是裂缝性砂岩的存在响应：由于裂缝的存在，钻井液侵入并占据储层的孔隙空间，使测井曲线的含氢指数变高，体积密度增加，致“挖掘效应”消失或极不明显，干扰气层的识别。

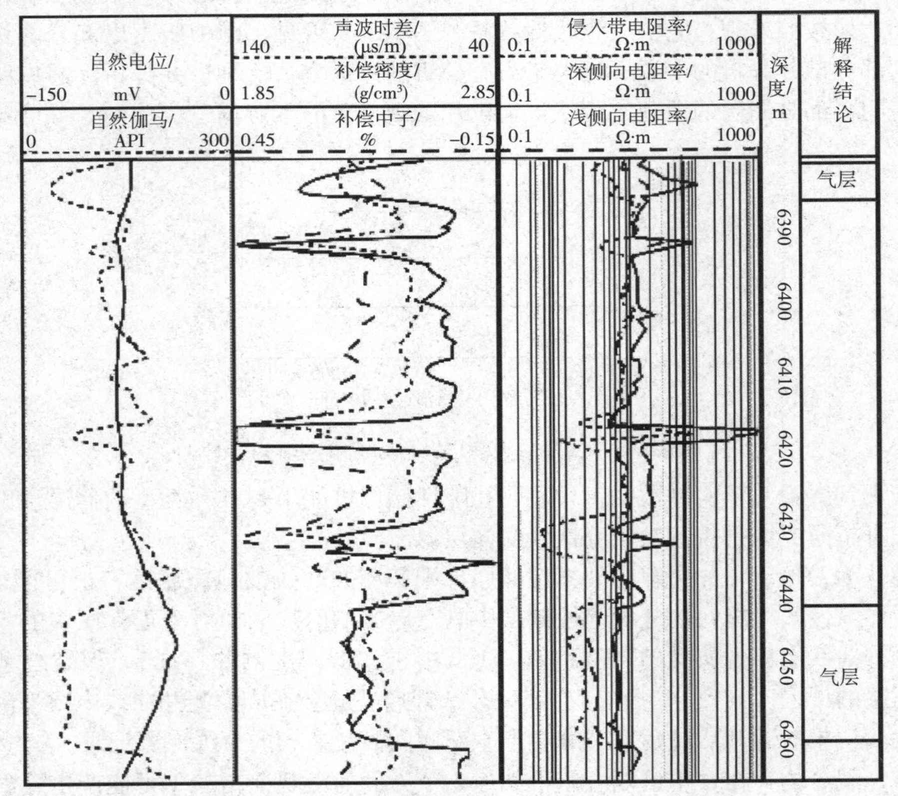

图 12－6 气层中子—密度曲线无“挖掘效应”图

2. 基于双侧向测井曲线差异的裂缝识别

侧向测井电阻率响应方程为：

$$R_{\mathrm{lld}} = \left(\frac{K_{\mathrm{d}}}{2\pi h}\ln\frac{D_{\mathrm{i}}}{d_{\mathrm{c}}}\right)R_{\mathrm{xo}} + \left(1 - \frac{K_{\mathrm{d}}}{2\pi h}\ln\frac{D_{\mathrm{i}}}{d_{\mathrm{c}}}\right)R_{\mathrm{t}} \tag{12-1}$$

$$R_{lls}=\left(\frac{K_s}{2\pi h}\ln\frac{D_i}{d_c}\right)R_{xo}+\left(1-\frac{K_s}{2\pi h}\ln\frac{D_i}{d_c}\right)R_t \tag{12-2}$$

式中，R_{lld}为深侧向电阻率，Ω·m；R_{lls}为浅侧向电阻率，Ω·m；R_{xo}为冲洗带地层电阻率，Ω·m；R_t 为地层真电阻率，Ω·m；K_d 为深侧向测井电极系，ft；K_s 为浅侧向测井电极系，ft；D_i 为侵入带直径，ft；d_c 为井眼直径，ft；h 为主电流层厚度，ft。

从式(12-1)和式(12-2)中可以看出，R_{lld}与R_{lls}是D_i 的函数，当地层存在高角度裂缝时，泥浆滤液可顺着裂缝更深入地侵入地层，即D_i越大，R_{lld}越大于R_{lls}，双侧向电阻率出现差异。因此，可依据双侧向测井曲线的差异性识别一些裂缝层系。

图12-6所示某井在1964~1968m(6442~6458ft)处，中子—密度曲线的“挖掘效应”消失，但试油与生产均表明该层为工业气层，该层双侧向电阻率存在较大的差异，且电阻率较低，小于10Ω·m，因此可推测，其双侧向的差异很可能与高角度砂岩裂缝有关。

3. 成像测井显示有裂缝存在

成像测井是以颜色代表电阻率值，其颜色越亮，则电阻率越高。应用成像技术识别裂缝，主要是依据裂缝发育处的电阻率与围岩的差异。钻井时，钻井液侵入处于开启状态的有效缝。除泥岩外，其他岩类的电阻率(尤其是碳酸盐岩和花岗岩等结晶岩)都比钻井液的电阻率大得多，因此有效裂缝(张开缝)发育处的电阻率相对较低，多表现为黑色，可清晰地在电阻率井壁图像上反映出来。井壁岩石和钻井液电阻率的差异越大，裂缝就越容易识别。利用成像测井技术可直观地反映地层裂缝情况，图12-7为该区某井成像测井图，从该图中可清楚地看到，在6456~6458m之间，发育数条中低角度裂缝，从而直观地证明该区部分储层发育裂缝，与推测吻合。

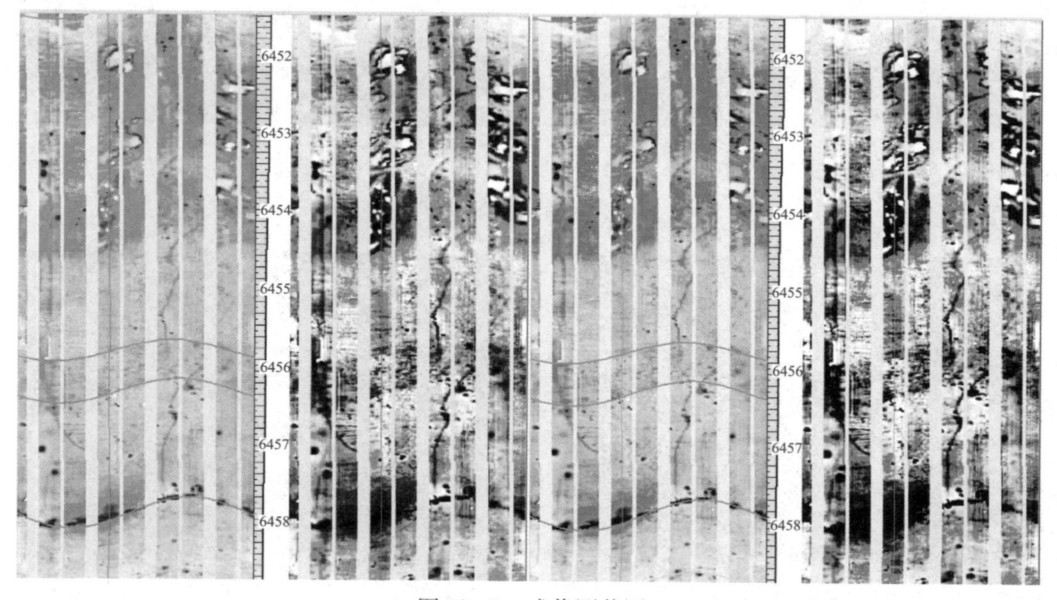

图12-7 成像测井图

对全区进一步系统研究发现，这些局部发育的小型裂缝确实不多，加之成像测井资料有限，因此这些裂缝性储层常被前期研究忽略。另外，当裂缝微小至其开度小于5mm的

成像分辨率时，这些微裂缝也难以被成像测井辨识。研究区的另一种现象同样引起重视：一些被生产或测试证实的、缺失“挖掘效应”的工业气层，在成像测井上并无裂缝形态，但3条电阻率曲线中可见微球型聚焦电阻率(多代表冲洗带电阻率)远低于深浅侧向电阻率，这可能与储层发育小级别微裂缝有关，这类砂岩微裂缝因特别隐蔽，难以被成像识别而容易漏判，其识别需要借助岩心薄片才能实现。

(三)裂缝性砂岩油气藏的其他识别证据

宏观地质作用的结果一定会在微观上有详细的刻画，从系统的角度出发，二者具有一致性。这也为充分利用微观信息去验证宏观认识提供了思路。

1. 岩心铸体薄片照片

图12－8和图12－9的岩心铸体照片显示，岩样中砂岩存在大量的微细裂缝。裂缝穿切颗粒或填隙物，缝宽约0.01mm左右，呈网状分布。这间接验证了微球型聚焦电阻率远低于深浅侧向电阻率，对微小裂缝存在的推测。岩心铸体薄片中微细裂缝的存在，充分证明该区部分储层遭受过强应力作用，与宏观推测吻合。这些微裂缝对孔隙度的影响不大，但对储层渗透率的影响很大，容易引起部分孔渗关系异常。

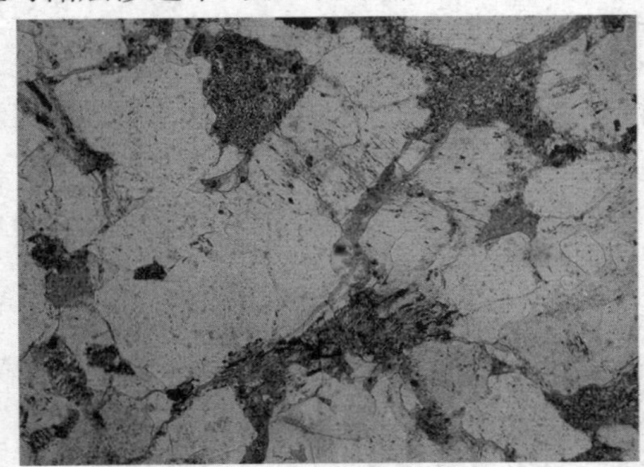
(a)NEB45井，对角线长1.6mm，铸体照片(＋)

(b)NEB45井，对角线长1.6mm，铸体照片(－)

图12－8　微裂缝特征图

(a)NEB45井，对角线长8mm，铸体照片(＋)

(b)NEB45井，对角线长8mm，铸体照片(－)

图12－9　微裂缝特征图

2. 岩心分析孔隙度与渗透率异常关系

图 12－10 为研究区岩心分析孔隙度与渗透率的相关关系图。由该图可知，研究区孔隙度与渗透率表现出两种不同的关系。①孔隙度与渗透率分布呈简单的线性关系，研究区大部分储层与之相符，这类关系可能代表孔隙性砂岩储层；②低孔高渗的关系，即图中所圈出的部分，这种异常现象用裂缝解释更为合理。

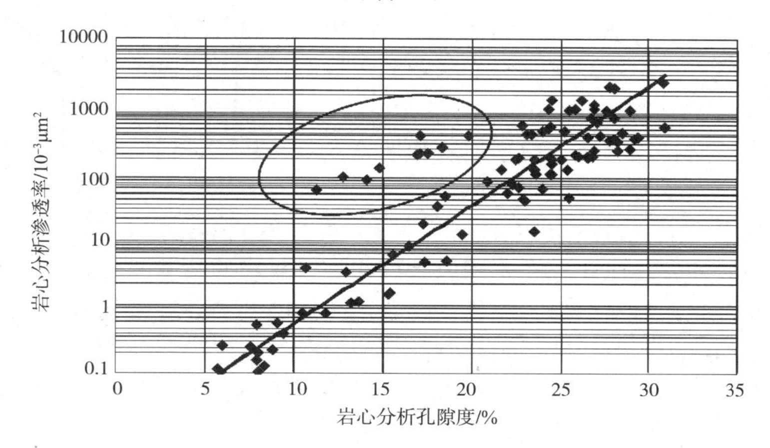

图 12－10　NEB 岩心分析孔隙度与渗透率关系图

3. 试井分析渗透率与岩心分析或测井解释渗透率的关系异常

多口井的试井分析渗透率与岩心分析或测井解释渗透率比较均发现，试井分析渗透率常大于后两者，进一步说明，孔隙性储层可能不是该地区储层的唯一类型。

上述分析表明，以上 6 个方面微观证据与存在裂缝储层的推理高度吻合，且这 6 个微观证据均与裂缝发育的指向具有一致性，可比较充分地证明研究区除了孔隙性储层之外，还存在裂缝性储层。在证明前期宏观地质研究不够全面之余，也为该地区油气勘探开发提出了新认识，指出了潜在的新领域。

三、预测和发现裂缝性储层的意义

(1)储层认识发生根本性变化。裂缝性储层的论证，从根本上改变了该区长期以来对储层孔隙度的认识，为裂缝性储层的勘探提供了证据和依据。

(2)为油气挖潜指出新方向。研究表明，裂缝是该区低电阻率油气层的主要成因机理之一，裂缝性储层的研究与识别，有助于该区的油气复查和潜力层挖潜。

(3)提出了潜在的油气勘探新领域。该区的深层和基岩潜山一直没能纳入勘探开发范围，究其原因在于储层岩性已改变且孔隙度太低，依据该区只发育孔隙性储层的原有认识，这么低的孔隙度很难具备渗流能力。但多口井的钻探表明，深层和基岩潜山录井已见良好的油气显示，裂缝性储层的论证，表明其中的部分储层可能具备渗流能力，为深层和基岩潜山找油提供了理论依据。

(4)合理地解决了该区油气认识上的一些难解现象。如测井与试井在渗透率解释上的矛盾，岩心分析的特殊问题等。

第三节 测井曲线地质属性的预测应用展望

长期以来，人类一直希望通过掌握事物的运动变化规律，实现预测功能。然而地下地质情况十分复杂，如何求证确认预测依据正是困扰现今油气勘探的难题，地质学家对技术创新的渴望十分执着。一般而言，有推测功能的技术，都可能具备预测条件，弄清测井曲线的地质含义，无疑有助于预测依据的准确论证，从这个视角看，测井技术极具预测潜能。但测井技术长期将预测权让位于地质和地震专家，甚至是地质和地震专家非常不善于辨别测井曲线的地质本义，这值得反思。

观念的禁锢很可能是造成上述现象的主因。测井技术一直将地球物理视为理论根基，却又试图解决地质问题，难免存在不同思维模式难以兼容的技术瓶颈，这一瓶颈随地层与油气赋存的日益复杂而日益凸显，不仅制约着现今储层的测井评价精准度，更是掩盖了测井曲线本身隐含的巨大预测潜能。当今测井评价技术的一个主要问题就是，储层越复杂就越容易出现评价不准的困惑。这是油气测井信号日益微弱，带给地球物理技术的重大挑战。

缺少开拓意识是造成上述现象的另一可能原因。在测井技术将近90年的发展历程中，曾多次发现利用测井技术可破解地质问题，却一直没引起重视，它们分别被行业人士以个案加以研究，这些断断续续的偶然发现更是缺少学者的系统整理，其中也屡屡错过隐含的重要机遇。利用测井技术研究地质问题的种种方法始终孤立而不系统，没能用一套系统理论将其完整地串联，殊为遗憾。

测井曲线记录的对象是地下地质，它一定隐含着丰富的地质含义。在分析方法上，按照地质的原则和思维，完全有可能找到测井曲线与地下地质的转译方法，这就需要对测井曲线的含义开展重新探索。利用测井曲线辨识地下地质的能力越强大，地质学家所能找到的推理就越丰富而细腻，甚至能发现地下地质预测的关键。

地下地质与测井曲线更应具有宏观与微观的统一关系。将宏观与微观有机地结合，开展多学科的分析与论证，将是利用测井技术开展预测研究的核心方法，也是未来的发展方向。测井曲线的另一个特点是，对于地质演化边界的精准记录，边界的识别，将有助于复原或推演地质事件转换与油气赋存的关系，从而达到预测目的。

未来取决于不断的探索，预测更是一种勇敢探索，测井曲线含义的“解放”，很可能就是地质预测迫切需要的那一缕光。

参考文献

[1]李国欣，刘国强，赵培华．中国石油天然气股份有限公司测井技术的定位、需求与发展[J]．测井技术，2004，28(1)：1～6.

[2]郭荣坤，王贵文．测井地质学[M]．青岛：中国石油大学出版社，1999.

[3]王贵文，郭荣坤．测井地质学[M]．北京：石油工业出版社，2000.

[4]S. J. person. Geologic Well-log Analysis[M]. Gulf Publishing Compony，Houton，Texas.

[5]马正．油气田地下地质学[M]．武汉：武汉地质学院教材科(教材)，1987.

[6]马正．油气测井地质学[M]．武汉：中国地质大学出版社，1994.

[7]陈立官．油气田地下地质学[M]．北京：地质出版社，1983.

[8]陈立官．油气测井地质[M]．成都：成都科技大学出版社，1990.

[9]武汉地质学院北京研究生院石油地质研究室岩相组，大港油田石油勘探开发研究院勘探室岩相组．黄骅坳陷第三系沉积相及沉积环境[M]．北京：地质出版社，1987.

[10]肖义越，赵谨芳．应用测井资料自动确定沉积相的计算机程序[J]．地质科学，1993，28(1)：36～45.

[11]胡盛忠．石油工业新技术与标准规范手册[M]．哈尔滨：哈尔滨地图出版社，2004.

[12]王笑连．地层压力预测与检测技术[J]．石油与天然气地质，1982，3(4)：389～394.

[13]瓦尔特 H. 费特尔(著)，1976. 宋秀珍(译)．异常地层压力[M]．北京：石油工业出版社，1982.

[14]李明诚．利用压实曲线研究初次运移的新方法[J]．石油学报，1985，6(4)：33～40.

[15]陈荷立，罗晓容．砂泥岩中异常高流体压力的定量计算及其地质应用[J]．地质论评，1988，34(1)：54～63.

[16]杨绪充．济阳坳陷沙河街组区域地层压力及水动力特征探讨[J]．石油勘探与开发，1985，12(4)：13～20.

[17]彭大均，李仲东，刘兴材，等．济阳盆地沉积型异常高压带及深部油气资源的研究[J]．石油学报．1988，9(3)：9～17.

[18]田世澄，张博全．压实异常孔隙流体压力及油气运移[M]．武汉：中国地质大学出版社，1988.

[19]陆凤根．冲积沉积物[J]．地球物理测井，1988，12(6)：12～21.

[20]信荃麟，等．油藏描述与油藏模型[M]．北京：石油工业出版社，1989.

[21]刘泽容，等．油藏描述原理与方法技术[M]．北京：石油工业出版社，1993.

[22]张一伟，熊琦华，王志章，等．陆相油藏描述[M]．北京：石油工业出版社，1997.

[23]李国平，许化政．利用测井资料识别泥岩“假盖层”[J]．地球物理测井．1991：15(4)230～239.

[24]李国平，石强，王树寅．储盖组合测井解释方法研究[J]．中国海上油气地质，1997，11(3)217～220.

[25]刘文碧，李德发，周文．海拉尔盆地油气盖层测井地质研究[J]．西南石油学院学报，1994，17(4)：34～42.

[26]赵彦超. 生油岩测井评价的理论和实践[J]. 地球科学——中国地质大学学报, 1990, 15(1): 65~74.
[27]刘光鼎, 李庆谋. 大洋钻探(ODP)与测井地质研究[J]. 地球物理学进展, 1997, 12(3): 1~8.
[28]司马立强, 张树东, 刘海洲, 等. 川东高陡构造陡翼主要构造特征及测井解释[J]. 天然气工业, 1996, 16(4): 25~28.
[29]吴继余. 复杂碳酸盐岩气藏储层参数测井地质综合研究(上)[J]. 天然气工业, 1990, 10(5): 24~29.
[30]吴继余. 复杂碳酸盐岩气藏储层参数测井地质综合研究(下)[J]. 天然气工业, 1990, 10(6): 27~31.
[31]周远田. 测井地质分析的某些进展[J]. 国外油气勘探, 1990, 2(4): 7.
[32]肖慈珣, 欧阳建, 施发祥, 等(译). 测井地质学在油气勘探中的应用[M]. 北京: 石油工业出版社, 1991.
[33]薛良清. 利用测井资料进行成因地层层序分析的原则与方法[J]. 石油勘探与开发, 1993, 20(1): 33~38.
[34]李庆谋, 杨峰, 郝天珧, 等. 测井地质学新进展[J]. 地球物理学进展, 1996: 11(2): 66~79.
[35]O. 塞拉(著). 肖义越, 等(译). 测井资料地质解释[M]. 北京: 石油工业出版社, 1992.
[36]丁贵明. 测井地质学及其在勘探中的应用[J]. 测井技术, 1996: 20(4): 235~238.
[37]蔡忠, 侯加根, 徐怀民, 等. 测井地质学方法在储层岩石物理分析中的应用[J]. 石油大学学报, 1996, 20(3): 12~18.
[38]符翔, 高振中. FMI测井的地质应用[J]. 测井技术, 1998, 22(6): 435~438.
[39]何方, 郑宇霞, 周燕萍, 等. 东濮凹陷胡状集北岩性油藏地层微电阻率测井地质分析[J]. 断块油气田, 2004, 11(4): 8~10.
[40]卢颖忠, 李保华, 张宇晓, 等. 测井综合特征在碳酸盐岩储层识别中的应用[J]. 中国西部油气地质, 2006, 2(1): 109~113.
[41]祁兴中, 潘懋, 潘文庆, 等. 轮古碳酸盐岩储层测井解释评价技术[J]. 天然气工业, 2006, 26(1): 49~51.
[42]景建恩, 魏文博, 梅忠武, 等. 裂缝性碳酸盐岩储层测井评价方法——以塔河油田为例[J]. 地球物理学进展, 2005, 20(1): 78~82.
[43]李军, 张超谟, 金明霞. 碳酸盐岩储层自适性测井评价方法及应用[J]. 天然气地球科学, 2004, 15(3): 280~284.
[44]肖立志. 核磁共振成像测井原理与核磁共振岩石物理实验[M]. 北京: 科学出版社, 1998.
[45]李召成, 孙建孟, 耿生臣, 等. 应用核磁共振测井T2谱划分裂缝性储层[J]. 石油物探, 2001, 40(4): 113~118.
[46]谭茂金, 赵文杰. 用核磁共振测井资料评价碳酸盐岩等复杂岩性储集层[J]. 地球物理学进展, 2006, 21(2): 489~493.
[47]张志松. 我国陆相找油的两个难点[J]. 石油科技论坛, 2001.12: 36~40.
[48]张志松. 怎样认识苏里格大气田[J]. 石油科技论坛, 2003.8: 37~44.
[49]刘长军. 浅析煤田测井地质学[J]. 煤炭技术, 2005, 24(7): 92~93.
[50]罗菊兰, 王西荣, 王忠于. 测井资料的地质分析[J]. 测井技术, 2002, 26(2): 137~141.
[51]涂涛, 刘兴刚, 黄平等. 川东石炭系测井地质[J]. 天然气工业, 1998, 18(2): 24~260.
[52]吴春萍. 鄂尔多斯盆地北部上古生界致密砂岩储层测井地质评价[J]. 特种油气藏, 2004, 11(1): 9~11.
[53]常文会, 秦绪英. 地层压力预测技术[J]. 勘探地球物理进展, 2005, 28(5): 314~319.

[54]彭真明，肖慈珣，杨斌，等．地震、测井联合预测地层压力的方法[J]．石油地球物理勘探，2000，35(2)：170～174.
[55]肖慈珣，张学庆，文环明，等．中途测井资料预测井底以下地层压力[J]．天然气工业，2002(4)：23～26.
[56]张立鹏，边瑞雪，扬双彦，等．用测井资料识别烃源岩[J]．测井技术，2001，25(2)：146～152.
[57]王贵文，朱振宇，朱广宇．烃源岩测井识别与评价方法研究[J]．石油勘探与开发，2002，29：50～52.
[58]许晓宏，黄海平，卢松年．测井资料与烃源岩有机碳含量的定量关系研究[J]．江汉石油学院学报，1998，20(3)：8～12.
[59]陆巧焕，张晋言，李绍霞．测井资料在生油岩评价中的应用[J]．测井技术，2006，30(1)：80～83.
[60]谭延栋．测井识别生油岩方法[J]．测井技术，1988，12(6)：1～12.
[61]运华云，项建新，刘子文．有机碳评价方法及在胜利油田的应用[J]．测井技术，2000，24(5)：372～376.
[62]Liu Shuang－lian，Liu Jun－lai，Li Hao. Definition and classification of low－resistivity oil zones[J]. Journal of China University of Mining & Technology，2006，16(2)：228～232.
[63]李浩，刘双莲，吴伯服，等．低电阻率油层研究的3个尺度及其意义［J]．石油勘探与开发，2005，32(2)：123～125.
[64]李浩，刘双莲，郑宽兵，等．分析测井相预测歧50断块沙三段低电阻率油层［J]．石油勘探与开发，2004，31(5)：57～59.
[65]朱筱敏，王贵文，谢庆宾．塔里木盆地志留系层序地层特征[J]．古地理学报，2001，3(2)：64～71.
[66]操应长，姜在兴，夏斌，等．利用测井资料识别层序地层界面的几种方法[J]．石油大学学报，2003，27(2)：23～26.
[67]谢寅符，李洪奇，孙中春，等．井资料高分辨率层序地层学[J]．地球科学－中国地质大学学报，2006，31(2)：237～244.
[68]金勇，唐文清，陈福利，等．石油测井地质综合应用网络平台 Forward. NET[J]．石油勘探与开发，2004，31(3)：92～96.
[69]江涛．新一代测井地质综合应用网络平台 FoRWARD. NET2.0[J]．石油工业计算机应用，2005，13(3)：9～11.
[70]李军，张超谟．利用测井资料分析不同成因砂体[J]．测井技术，1998，22(1)：20～23.
[71]尹寿朋，王贵文．测井沉积学研究综述[J]．地球科学进展，1999，14(5)：440～445.
[72]欧阳健，王贵文，吴继余，等．测井地质分析与油气层定量评价[M]．北京：石油工业出版社，1999.
[73]曾文冲．油气藏储集层测井评价技术[M]．北京：石油工业出版社，1991.
[74]大港油田科技丛书编委会．大港油田开发实践[M]．北京：石油工业出版社，1999.
[75]刘双莲，邓军，李浩，等．沉积界面变化对大港油田低电阻率油层分布的影响[J]．测井技术，2006，29(5)：467～468.
[76]胡见义，黄第藩，等．中国陆相石油地质理论基础[M]．北京：石油工业出版社，1991.
[77]王劲松，张宗和．吐哈盆地雁木西油田油藏描述[J]．新疆石油地质，2000，21(4)：286～289.
[78]李军，张超谟，王贵文，等．前陆盆地山前构造带地应力响应特征及其对储层的影响[J]．石油学报，2004，25(3)：23～27.
[79]贾进华．库车前陆盆地白垩纪巴什基奇克组沉积层序与储层研究[J]．地学前缘，2000，7(3)：

133 ~ 145.
[80]张玺．济阳坳陷桩海地区前第三系潜山构造样式[J]．油气地质与采收率，2006，13(4)：12 ~ 14.
[81]谭明友．济阳拗陷地层压力预测方法[J]．石油地球物理勘探，2004，39(3)：314 ~ 318.
[82]欧阳健，王贵文．电测井地应力分析及评价[J]．石油勘探与开发，2001，28(3)：92 ~ 94.
[83]李浩，刘双莲．港东东营组低阻油层解释方法研究[J]．断块油气田，2000，7(1)：27 ~ 30.
[84]李红，王国兴，淡申磊，等．低阻油层地质认识方法及应用——以河南稀油油田为例[J]．河南石油，2004，18(增刊)：21 ~ 25.
[85]司马立强，郑淑芬，吴胜．测井地震结合储层参数推广反演技术及应用[J]．测井技术，2001，25(1)：12 ~ 25.
[86]卢宝坤，史謌．测井资料与地震属性关系研究综述[J]．北京大学学报(自然科学版)，2005，41(1)：154 ~ 160.
[87]中国石油志大港油田编写组．《中国石油志卷四》大港油田分册[M]．北京：石油工业出版社，1987.
[88]祝世讷．从中西医比较看中医的文化特质[J]．山东中医药大学学报，2006，30(4)：267 ~ 269.
[89]林文，吕乃达．脾脏生理功能的中西医比较及认识[J]．内蒙古中医药，2008，62 ~ 63.
[90]李浩，游瑜春，郑亚斌，等．应用测井技术识别碎屑岩与碳酸盐岩地质事件及其差异[J]．石油与天然气地质，2011，32(1)：142 ~ 149.
[91]刘双莲，赵连水．低饱和度油层的测井解释分析[J]．断块油气田，2000，7(5)：18 ~ 20.
[92]邹才能，陶士振，周慧，等．成岩相的形成、分类与定量评价方法[J]．石油勘探与开发，2008，35(5)：526 ~ 540.
[93]李浩，刘敬玲，刘双莲，等．浅论低电阻率油气层与地质背景因素的内在联系[J]．测井技术，2005，29(1)：37 ~ 39.
[94]李浩，孙兵，魏修平，等．松南气田火山岩储层测井解释研究[J]．地球物理学进展，2012，27(5)：2033 ~ 2042.
[95]李浩，刘双莲，魏修平，等．测井信息地质属性的论证分析[J]．地球物理学进展，2014，29(6)：2690 ~ 2696.
[96]梅冥相，李浩，邓军，等．贵阳乌当二叠系茅口组白云岩型古油藏的初步观察与研究[J]．现代地质，2004，18(3)：353 ~ 359.
[97]李浩，王骏，殷进垠．测井资料识别不整合面的方法[J]．石油物探，2007，46(4)：421 ~ 425.
[98]刘双莲，李浩，关会梅．影响陆成断块油藏微生物单井吞吐效果的地质因素研究[J]．石油天然气学报，2006，28(4)：121 ~ 123.
[99]刘双莲，李浩，吴蕾．生产动态分析与小集油田流动单元研究[J]．断块油气田，2006，13(5)：31 ~ 33.
[100]李浩，刘应红，刘双莲．测井技术评价海外油气课题面临的挑战与对策[J]．石油天然气学报，2007，29(3)：222 ~ 223.
[101]李浩，刘双莲．浅论海外测井评价方法[J]．地球物理学进展，2008，23(1)：206 ~ 209.
[102]肖卫权，刘双莲，王红漫，等．AC－αSP 关系图版在大港油田羊二庄－赵家堡地区测井评价中的应用[J]．石油地质与工程，2008，22(3)：51 ~ 52.
[103]刘双莲，李浩．印尼 B 区块低阻油气层成因研究[J]．石油天然气学报，2008，30(5)：81 ~ 84.
[104]刘双莲，李浩．印尼 G 区块低电阻率油气层的成因机理研究[J]．测井技术，2009，33(1)：42 ~ 46.
[105]李浩，王香文，刘双莲．老油田储层物性参数变化规律研究[J]．西南石油大学学报(自然科学版)，2009，31(2)：85 ~ 89.

[106]李浩，刘双莲．测井信息的地质属性研究[J]．地球物理学进展，2009，24(3)：994～999.
[107]李浩，刘双莲，王香文．小集油田注水开发前后储层参数变化特征研究[J]．石油物探，2009，48(4)：407～411.
[108]刘双莲．鄂尔多斯盆地大牛地气田岩屑砂岩的测井技术研究及应用．油气成藏理论与勘探开发技术(二)——中国石化石油勘探开发研究院2009年博士后学术论坛文集[M]．北京：地质出版社，2009，242～254.
[109]李浩，刘双莲，魏修平．测井地质学在我国的发展历程及启示[J]．地球物理学进展，2010，25(5)：1811～1819.
[110]李浩，刘双莲，魏修平．浅析我国测井解释技术面临的问题与对策[J]．地球物理学进展，2010，25(6)：2084～2090.
[111]刘双莲，李浩，陆黄生．测井资料在储层预测研究中的应用探索[J]．地球物理学进展，2010，25(6)：2045～2053.
[112]刘双莲，李浩．大牛地气田岩屑砂岩的测井技术研究及应用[J]．石油天然气学报，2011，33(2)：96～99.
[113]刘双莲，陆黄生．页岩气测井评价技术特点及评价方法探讨[J]．测井技术，2011，35(2)：112～116.
[114]刘双莲，李浩，周小鹰．大牛地气田大12－大66井区沉积微相与储层产能关系[J]．石油与天然气地质，2012，33(1)：45～49.
[115]李浩，刘双莲，魏水建，等．测井技术在地震目标追踪应用中的方法探讨[J]．地球物理学进展，2012，27(1)：193～200.
[116]李浩，刘双莲，魏修平，等．隐性测井地质信息的识别方法[J]．地球物理学进展，2015，30(1)：195～202.
[117]李浩，刘双莲，王丹丹，等．我国测井评价技术应用中常见地质问题分析[J]．地球物理学进展，2015，30(2)：776～782.
[118]温志新，刘双莲，彭红波，等．港西开发区低阻油层评价[J]．石油天然气学报，2005，27(3)：489～490.
[119]Wayne M. Ah. 姚根顺，沈安江，郑剑锋，等(译)．碳酸盐岩储层地质学[M]．北京：石油工业出版社，2013.
[120]雍世和，张超谟．测井数据处理与综合解释[M]．青岛：中国石油大学出版社，1996.
[121]欧阳健，等．测井地质分析与油气藏定量评价[M]．北京：石油工业出版社，1999.
[122]赵良孝，等．碳酸盐岩储层测井评价技术[M]．北京：石油工业出版社，1996.

后　记

在测井技术诞生近90年之中，人们已习惯用地球物理思维来解读测井曲线，那么运用地质思维是否可发现测井曲线的别样含义呢？目前学术界还缺少尝试。这不禁使作者想起金庸先生提到的“侠客行现象”：江湖流传，有一绝世武功刻于侠客岛石洞中，武林高手纷纷膜拜研读，希望悟得真传，但终无大获。小说主人公是文盲，不经意间，却发现文字形态才是该武学本意，最终竟练成神功，震惊武林……。故事阐述了不同视角带给人们的认知，在武学中是否真有，外行难考证，但武学之外，类似现象却屡见不鲜，试举几例，以飨读者。

一是火药现象。中国人发明火药，但主要看到其制作烟花的喜庆功效；西方人拿之，则视之为杀人武器，认知的巨大差别，带给我国百年多耻辱，致世界格局巨变。二是光波运动。有学者观察，认为它是直线运动；也有学者观察，认为它是波动，不同学派均可自证，最终统一了光波认知，大大促进了物理学发展。三是产妇保养。中医认为产妇生孩子打开了骨缝，忌寒、忌风，需坐月子；西方人无此禁忌，生了孩子照样户外活动。四是仪器现象。核磁仪器的发明，在医学上被用于检查身体病变；在测井行业里被用于分析地层流体状态。可见，测井行业也有“侠客行现象”的案例。认真反思，该现象比比皆是，有些认识甚至有重大学术或政治意义。只是人们谈笑间，常无意识地把它丢入了思维盲区。

“侠客行现象”提出了怎样观察事物的重大课题。那么，实现它的关键又是什么呢？笔者认为3个方面因素不可忽视：①找“不同世界的人”去思考相同事物。文化、哲学及认知习惯不同，可互相弥补思维、视觉及认知的盲点。②找不同知识结构的人去思考相同事物。知识结构不同，有可能启发很多新的知识点。③找不同经历的人去思考相同事物。经历不同，有助于从实践的角度丰富对事物的认知。

笔者在此讨论“侠客行现象”，目的就是想抛砖引玉，试图唤起学者们转换思维方向，探索测井曲线中巨量未知信息的破解方法。众所周知，20世纪人们的测井评价视角，就是地球物理，测井书籍几乎清一色以地球物理为基，即可为证，这说明地球物理曾一直被视作唯一能开启测井研究的大门。如果读者赞同本书观点，那么无疑会认同，还有开启测井研究的其他门径。

笔者讨论“侠客行现象”的另一个目的是，期待有兴趣者继续这接龙研究。例如，讨论测井曲线中是否存有基于工程因素的理论基础，为昂贵的工程施工提供风险判别；又如，探讨测井与地震解释技术是否“同出而异名”，以二者记录同一地质背景为共同线索，也许可另辟思路，实现对复杂地质目标的精确追踪；再如，是否可以“天地合一”为认知起点，根据天体运行规律加诸于地层中的痕迹记录，反推测井曲线内含的天体运行规律等。这些新探索，对地质和工程均日益复杂的今天或许意义重大，甚或是推动测井技术及地质、工程研究创新的重要契机。

金庸先生和他的同事们还曾提及武学发展的另一重要契机——“禁区效应”。在其主角的武学成长遭遇瓶颈时，常不得不闯禁区，并大有斩获。我们同样无暇论证该效应的真实性，但其学术意义也值得讨论一下。比如，我们是否反思过——在我们长期受教育的过程中，是否一边学到知识，一边却不知不觉被禁锢了探索企图呢？完全可能！哥白尼的《天体运行论》动摇了地心说，达尔文的《物种起源》改变了人们对生物起源的认知等，都实实在在地证明“禁区”曾存在，两个伟人的时代局限也说明，新的“禁区”又可能复加于后来者。

众多新闻报道表明，现代科研中，实践的新发现，是很多禁区突破的关键。但未被实践找到的禁区是否更多呢？这也值得探究。笔者的哲学知识有限，但查阅文献仍可知道，西方哲学尤以科学精神为基础，向来便是以严谨和慎重的态度，从小处去研究世界，从微观上去了解世界。这是否有可能构成哲学观对科学探索的一种限制呢？科学界的许多新闻可佐一证：许多针对同一事物的科学实践（尤其是医学实验），却往往得出互为矛盾的认知，让学术界和百姓无所适从。微观的“眼见为实”有时候恰恰盲从于复杂宏观体系的精美迷局！

有时候也许宏观思维的突破，才更有可能指导实践的突破，思维有时就是对实践认知的重要补充。中国哲学向来推崇天人合一，以世界和谐为原则，从大处去观察世界，从宏观去把握世界。这种哲学是否能从另一个视角，带动科学研究走向一个新高度呢？同样值得人们反思。

从历史的视角看，任何当前起效的知识都暗含时代的局限。因此，托马斯·库恩在其著作《科学革命的结构》中提出了“范式”的概念。范式从本质上讲是一种理论体系。库恩对科学发展持历史阶段论，认为每一个科学发展阶段都有特殊的内在结构，而体现这种结构的模型即“范式”。库恩指出：“按既定的用法，范式就是一种公认的模型或模式。”我们是否可以这么理解——科学探索是从一个稳定的“范式”，随条件变化，逐步跨入另一个稳定的“范式”。

20 世纪 40 年代初，阿尔奇先生发现了当时几乎放之四海而皆准的“阿尔奇公式”，其应用条件是：中等孔隙度和中等渗透率储层。“阿尔奇公式”无疑已成当时测井评价的“范式”，但世纪之变凑巧带来地层条件之变，斗转星移，地层主角已悄然变成低孔、低渗储层，大量测井评价不准的事实，很快引来众学者关于阿尔奇公式适用性的讨论。笔者认为，测井评价技术变革的时代也许即将开启，制造这变革条件的就是地层和工程条件。

测井技术显然已遭遇瓶颈，那么，有些“禁区”是否值得一闯呢？是否会涌现“侠客行现象”的探索者？这是本书想与读者们共同讨论的，也是撰写本书的根本目的。

本书从立意到完成历时 15 年。雏形观点来自 2000 年在辽河油田的浅海钻井平台上，独自反思测井评价的种种矛盾现象，忽然想到问题也许出在测井曲线成因的认知，在那里写成初步研究意向。后续工作苦于眼界不开，知识局限，加之证据不足，遂起赴京求学之念。非常幸运的是，由新知启发和师从百家，竟真的利用所学、所悟破解了多个复杂课题，博士后工作期间，将这些零散认识初步理成提纲，又经 7 年打磨和反复修改，最终形成现今模样。由于书中很多内容仅为臆测，有些虽经实践所验，也不排除歪打正着，甚至某些论断可能完全背离测井技术的发展规律，这都是可能的，毕竟每个新生事物的开始，总有其幼稚一面，但探索是不能放弃的。对于本书的孰是孰非，读者可见仁见智。使用者自会评判对与错，作者的态度是展示原创的探索认知，也许正如陶渊明所言："此中有真意，欲辨已忘言"。

致 谢

心愿得偿之人都会发自内心地保存一个感恩账单。感激之情远逊受助的珍贵，有些可贵的帮助和友谊甚至直到情缘不再，才骤知时间如此残酷，但情义的温暖永不会消逝。在这里，有必要一一感谢帮助过我们的师长和伴随过我们成长的朋友、家人：

感谢马正、赵彦超、姚光庆和周远田等中国地质大学的老师们，是他们的传道授业，给了作者测井专业的启蒙。

感谢大港油田已故的李攸禄、吕志强和李盛言三位师父，正是他们传授了钻研一生的心得，才使我们有了到处闯荡的勇气和解决测井难题游刃有余的能力，深深地怀念他们！至今难忘李攸禄师父长达十年的指点——想当年，师徒对坐于冷清的资料室，年复一年，一遍又一遍，看尽大港油田的每一口井，那情景已成画卷，永远刻在了脑海。人们常认为十年面壁很枯燥，不去亲历，又怎知自由王国的快乐？缅怀李师父。

感谢多次指点过我们的霍树义、李厚义、廖明书、胡杰和李国平等各位老师，他们不同的经历和丰富的经验给了我们不一样的感受，他们厚道的人品时时刻刻都在感染我们。

感谢曾文冲和欧阳健两位尊敬的测井前辈，我们曾读着他们的书，尝试着稚嫩的探索，近十多年来更是先后得到两位的指教，受益匪浅。

感谢再次求学所遇的导师们，他们是朱筱敏、王贵文、金振奎、邓军、梅冥相、刘俊来、王骏和曲寿利老师。从硕士到博士后研修，我们有了师从多家的难得经历。

感谢中石化石油勘探开发研究院的何治亮副院长、中石化开发首席专家袁向春老总和中石化东北分公司李江龙副经理对本书写作过程中的多次关怀和指导。

感谢中石化石油勘探开发研究院的张明书记和郑和荣副院长对作者的信任和多次帮助。

感谢刘德武、苑庆岩、刘伟兴、龚守捍、谢艳萍、陈瑞华、张文胜、王伟、孙德海、肖菲、李爱军、成振娥、王秀荣、唐津红、高萍、陈桂萍、孙军红、王建洲和谢希纳等大港油田曾经的同事们。他们有些是曾经的科研合作者，有些给了我们雪中送炭的友谊。尤其是刘伟兴和龚守捍两位挚友，他们志趣相投、测井解释水平高超，犀利的观点总是给人灵感和启发，非常怀念那曾数月一次的“测井论坛”。

感谢近些年一起合作过的中国石油大学和中国地质大学的老师们，他们是高杰、柯式镇、谭茂金和徐敬领，他们的成果丰富了我们的认识。

感谢我们的本科和研究生同学们，他们是温志新、王红漫、吴世祥、于国庆、赵连水、吴秀田、柴公权、崔英怀、韩玉坤、石玉发、田宜高、汤宜民、刘子平、屈玲、张宏远、关会梅、路福、李玉海、吴伯服、吴文根、孙立新、李金祥和郑宽兵等，他们分别从事着与测井专业或近或远的工作，与他们交流常有“他山之石”般的借用。

感谢中石化石油工程技术研究院的陆黄生、张卫、邓大伟、赵文杰、王卫、王志战、吴海燕、李永杰、李三国、倪卫宁、魏历灵和张元春等领导、专家，他们给出了很多有益的帮助和建议。

感谢中石化石油勘探开发研究院的各位领导和同事们。他们是李晓明、刘传喜、史云清、龙胜祥、熊利平、冉启佑、殷进垠、凡哲元、李军、黄学斌、张英芹、张宏方、胡向阳、彭勇民、孙兵、刘延庆、冯琼、王丹丹、魏修平、卢颖忠、赵克超、申本科、付维署、吴洁、张庆红、陈桂菊、李艳华、张松扬、张军、程喆、张永庆、郑友林、魏水建、刘国萍、贾跃玮、夏一军、王丹、陈舒薇、游瑜春、王秀芝、张渝丽、刘彬、李宏涛、张广权、刘建党、石志良、郑荣臣、王树平、韩晗、刘月霞和王旭明等，不能一一尽数。其中，彭勇民教授为本书提出重要的修改意见，孙兵和刘延庆两位好友善言良多，王丹丹和魏修平两位女徒弟为书稿的完善尽心尽力，韩晗、刘月霞和王旭明三位可爱的姑娘帮助清绘了众多图件。

感谢《地球物理学进展》杂志主编刘少华老师的点拨，他为本书修改提出了很多重要建议。

感谢中国石化出版社宋春刚主任和他的团队为本书出版提供的关键支持。

感谢我们的家人一直以来对我们的热切期盼和倾力支持。正是由于他们和每一个帮助过我们的人，才有了本书最终的完成。